U0211896

地震现场纪实

Record of Earthquake Sites

修济刚　著

地震出版社

图书在版编目（CIP）数据

地震现场纪实／修济刚著．—北京：地震出版社，2015.10
ISBN 978-7-5028-4684-8
Ⅰ．①地…　Ⅱ．①修…　Ⅲ．①地震灾害—概况—中国
②抗震—救灾—概况—中国　Ⅳ．① P316.2 ② D632.5
中国版本图书馆 CIP 数据核字（2015）第 220655 号

地震版　XM3656

地震现场纪实
修济刚 著

责任编辑：董　青
责任校对：孔景宽
特约编辑：郭　心
摄　　影：修济刚　陈宇鸣
版式制作：李万军

出版发行：地震出版社
北京市海淀区民族大学南路 9 号　　邮编：100081
发行部：68423031　68467993　　传真：88421706
门市部：68467991　　传真：68467991
总编室：68462709　68423029　　传真：68455221
http：//www.dzpress.com.cn
经销：全国各地新华书店
印刷：北京地大天成印务有限公司

版（印）次：2015 年 10 月第一版　2015 年 10 月第一次印刷
开本：710×1000　1/16
字数：219 千字
印张：12.25
印数：0001～6000
书号：ISBN 978-7-5028-4684-8/P（5377）
定价：48.00 元

分级负责、相互协调

—— 我国抗灾救灾应急管理新机制

新机制是在 2013 年四川芦山地震之后逐渐形成的，已经在多次地震现场实践中积累总结经验并发挥作用。在机制的形成过程中，地震部门发挥了积极的促进作用。我们编辑此书，力图使读者从大量地震现场实例中体会和了解这一机制的形成过程，并为应急管理、组织救灾行动等工作提供参考。

—— 编者

Level to level taking charge and mutual coordination:

A new mechanism for emergency management of disaster relief and rescue in China.

A new mechanism has been gradually formed since Lushan earthquake occurred in Sichuan province in 2013 based on the accumulated experiences during field practice of several earthquakes, which has now played important role. The department of prevention and reduction of earthquake disaster has actively promoted formation of this mechanism. Here, we compiled this book and try hard to make readers understand and realize the forming process of this mechanism, and to provide useful references for emergency response management, organizing disaster relief and rescue and others.

By editors

前言

自2008年5月12日四川汶川8.0级地震之后，如何科学应对突发地震事件，成为影响广泛的社会问题，受到各级政府越来越多的关注。这几年，对突发事件的管理日益重视，应急管理的措施对策，成为各级干部培训的一项重要内容。

应急管理的培训课程应该怎么上，注意些什么问题呢？实际上，这方面的课程除了系统的理论教学之外，案例教学的内容较少，国内这方面积累得不多，应该引起足够的重视。

2014年初，去国家行政学院给应急管理培训班讲课，又想到了这个问题。所以我讲的就是2013年4月芦山7.0级和7月份甘肃岷县漳县6.6级两次地震应急工作的亮点和经验。从实际案例出发，研究和探讨应对措施的得失，可以有很好的效果。比如讲到“交通管制”问题，每次突发事件都有不同的问题和困难需要面对，积累的经验多了，就会总结出一些因地制宜的对策来，这些对策经验，会不断得到补充完善，提供给今后的应急工作使用。

每次到地震现场参与指挥行动，都对应急决策有很深的感受，而且随手记下一些问题、线索和有价值的事情。到震区去考察灾情，同时也向当地的干部、群众做些调查。我有意识地全景式地关注各级政府在抗震救灾行动中的决策表现，受中国地震局的委托，积极参与、提出地震局的建议和意见。两年来，各级政府的现场应急工作越做越好，特别是四川、甘肃、云南省政府组织的几次应对，不断吸取以往经验，在科学、有效、有序方面做得比较成功，也得到党中央和国务院的肯定。

近年几次地震事件的现场应急行动，注意不断总结经验，吸取教训，使应急管理应注意的科学性、实效性和有序性得到很好的体现。自2013年4月四川雅安芦山7.0级地震的应急工作开始，这方面的进展尤其明显。首先是领导干部到现场有了规定，一切从救援的需要出发，由此，各级政府在地震等突发事件的应对中更加注意分级负责。芦山地震应急的一些经验，在2013年7月的甘肃定西岷县漳县6.6级地震中进一步得到巩固提高，更加明确由属地管理、省级指挥部统一协调指挥的机制。在2014年8月云南鲁甸6.5级地震、2014年10月云南景谷6.6级地震的救灾行动中，指挥协调的好经验不断得到完善，逐步形成属地管理、分级负责、相互协调的做法，并用以指导地震现场的应急应对工作。这些由多次地震应急工作形成的经验，也用于其他一些突发自然灾害的应对，取得较好的效果，逐渐得到各级政府的重视。“不断完善近几年探索形成的‘分级负责、相互协调’抗灾救灾应急机制，切实提高我国应对特大自然灾害的能力和水平”，已成为新的要求和共识。

这里收录的几篇文章，是几次地震现场的实录和思考。全部内容都是现场的调查结果，在调查之后记录下来，整理成文字，使读者能够了解到当时的一些情景、困难、措施以及效果，文字力求反映实况，保持“原汁原味”，这样才更有生命力和持久性。

这些文字在《城市与减灾》《防灾博览》及《中国应急救援》等杂志上发表过，一些同事和读者曾希望集结成册。后来，《城市与减灾》杂志社把其中三篇重印，作为一些培训班的参考。这次把几次地震现场记录一并纳入进来，由地震出版社编辑出版，以飨读者。

文章内容都是依据现场记录整理，难免有错误之处，欢迎读者批评指正。

修济刚

2015年8月18日

目录

引子

2012 年 6 月 30 日的早晨，我正在新疆伊犁哈萨克自治州的州府伊宁市休息，天还没亮，一阵晃动使我顿时一惊：地震了？

正是。在新疆伊犁哈萨克自治州新源县和巴音郭楞蒙古族自治州和静县交界的地方，发生了 6.6 级地震。地震发生在早晨 5：07，明显的震动把睡梦中的人们惊醒，伊宁市的人们都尽快跑到户外。

不到 10 分钟，我的手机已经显示出这次地震的位置、时间和震级。6.6 级，这是今年以来国内发生最大的一次地震，根据级别，应该启动应急预案，并采取现场应急行动。在我边想边收拾的时候，电话再次响起，一点不错，我的领导简短地布置了任务。此时，有人在敲门了。

就此，开始了这次地震的现场应急工作。

这天是周六，休息日。不到半个小时，州委书记李学军已经来到宾馆和我们会面，大家一起商量应对行动。此时，手机显示了新疆、西北区域和全国地震台网不断校准的信息。地震震中在北纬 43.4°、东经 84.8° 的位置上，大致是在天山中部、新源县那拉提镇和和静县巩乃斯镇交界的山里。

李书记也已经接到伊犁州几个县关于地震的报告，尤其是新源县，那里显然比较重。短暂商量后，我们地震系统的一行人和刘青昊副州长即刻上路，直奔那拉提。边走边想的是，人员伤亡到底如何？

那拉提指挥部

伊宁市距离震中大约 280 多千米。在伊宁匆忙收拾好东西，7 点刚过，我们已经驱车疾驶在去新源县的路上，作为地震现场工作队的第一批人员——到地震现场去。

伊犁河谷是新疆西部一片富饶的地方。伊宁市在河谷的西侧，我们要去的那拉提草原，位于河谷的东端。伊犁谷地是夹在北天山和中天山之间的一片三角形区域，这片区域里主要有三条河流，分别是特克斯河、喀什河和巩乃斯河。这三条河流分别来自南部的中天山和北边的北天山，由东而西，在伊宁这个地方汇聚成伊犁河，继续向西，出境到哈萨克斯坦。

我们的路线，基本是沿着巩乃斯河溯流而上，顾不上看一路美丽的风景，9 点半左右，已经到达新源县的那拉提镇。那拉提镇位于 218 国道旁边，在国家 5A 级的风景区那拉提草原的边缘。

在那拉提镇政府的一个农牧民学习教室里，建立起地震局现场工作指挥部，伊犁州的地震现场指挥部也在这里。

我们和新源县县委书记贾伊生，伊犁州州委副书记吐逊江，副州长刘青昊等简短沟通了情况。

地震发生后，新源震感强烈，持续时间长达十几秒。县长多力昆（哈萨克族）正在那拉提镇，5 点半，他就立即组织民兵集合起来。了解到震中信息后，他率领 70 人的队伍沿着 218 国道去震中方向巩乃斯镇，到那里救助伤员。他们沿途发现大量的滚石，看到一些被砸死的牛羊。多力昆县长在一处山脚下发现圈起的羊群被砸死不少，有的羊被滚石拦腰砸断，幸运的是，虽然牧民帐篷就搭在羊群旁边，牧民竟然毫发未损。路过之处，看到 218 国道两侧站满了人。

巩乃斯镇属于巴音郭楞州和静县，伊犁州新源那拉提镇是距离巩乃斯最近的镇，

美丽的伊犁河谷

新源县的这支救援队伍不分哪个县哪个州，大家就是一个信念，救人要紧。多力昆县长这支队伍在巩乃斯镇了解到，温泉沟里有个简易温泉度假村，离震中很近，那里有一些人。

新源县派车辆进入温泉沟，在度假村接出 73 人，其余自己有车的人都走了。其中有 9 人受伤，伤员被迅速转移到伊犁州的那拉提医院。

当地的 8662 部队在震后不久，即有 200 人到达那拉提镇。新源县所有的乡镇，6 点半时已经开始排查。11 点的时候，得知有 17 人受伤，160 多头牲畜被砸死。

中国地震局和自治区启动应急三级预案，州采取二级预案，新源县启动了一级应急预案。

上午 9 点许，新疆自治区党委专门召开会议，研究地震应对，迅速传达了包括尽快组织好抗震救灾、安置群众、震情研判等工作的 7 条指示。之后，很快传达下来几条国务院领导的要求：要强化震情监视，做好震害损失评估；组织好抗震减灾、抢险救灾；要严密监视次生灾害的发生；安置好群众生活，等等。中国地震局、民政部配合新疆自治区特别是伊犁、巴音郭楞两州，尽快行动起来，开始地震后的应对工作。

从北京、甘肃、乌鲁木齐调集的一些地震专业人员，正在赶赴灾区，在新疆独山子等地区工作的地震系统单位的野外工作人员迅速向那拉提集结。

此时电话响起，我一听，是巴音郭楞州打来的。

巩乃斯的滚石

巴州的电话是告诉我们，巴州在和静县的巩乃斯镇也已经设立了地震现场指挥部。

巴音郭楞蒙古族自治州，是我国面积最大的地级行政区，有40多万平方千米，几乎和法国、西班牙那么大。大到当地人笑谈说，世界有三大洲，是美洲、欧洲和巴州！发生地震的和静县，位于巴州西北角上，距离州府库尔勒市还有200多千米的山路。可见巴州的一些同志也是地震后立即动身赶过来的。

趁着朝灾区赶来的地震现场工作的专业人员还没到，我和新疆地震局局长王海涛要去巴州。

落石塌方随处可见

在这里留下几个人，包括“援疆行动”中对口伊犁州的江苏局副局长张振亚和新疆局处长于钢、韩月鹏等，留在那拉提协调伊犁州的现场工作。我和海涛等，乘两车继续向东走，去距离这次地震震中最近的地方——和静县的巩乃斯镇。

那拉提这个地方基本是伊犁河谷的东端了。往东不久就进山，20多千米后到达一个叫作零公里的地方，是218国道和217国道交叉的十字路口。从此处算，南北穿越天山的公路叫217公路，从北疆的石河子通到南疆的阿克苏，是天山中段唯一一条纵向通道。东西走向的是218国道，从伊宁可以直接到南疆的库尔勒。这“零公里”，也是伊犁州和巴州的分界线。去巩乃

滚石的体积有 1 米多见方

这两块滚石更大

斯镇，就是从“零公里”处向东再 20 多千米即到。那拉提到巩乃斯大约 50 多千米，都是山路，盘旋弯曲。一路上见到的都是地震后的现场景象，道路上滚石很多，大小不等，最大的有 1 米多见方。山体滑坡、草皮脱落，石头滚落的痕迹，随处可见。此时是 30 日的午后，是余震正活动频繁的时候，我们小心翼翼地绕着石头前行。路上已经很少有车辆通行，这个时段的确十分危险。路在山间盘旋，一边是陡峭在 60° 以上的山，一边是陡坡，如果滑坡、滚石落下，赶上的话，没有地方跑。

12 点多到达巩乃斯镇，看到有许多群众站在街上。在这里会合几位接我们的地方同志，打开地图分析琢磨。根据台网信息，结合 GPS 定位，大致可知微观震中位置（指观测台网确定的位置）就在垂直 218 国道、进入天山里面约 30 千米的地方。我们先到巩乃斯林场山庄，巴州的地震现场指挥部设在这里，在这儿和巴音郭楞州的州长史建勇、副州长张东兵、州地震局局长杨正斌等同志研究震情灾情。林场的这个“山庄”，在地震中已成危房，但州长他们还得在这里工作。

考察组来到和静县的巩乃斯镇，路边看地图

在这儿简单吃点饭，我们很快做了一个决定。

进入极震区阿尔仙沟

我们希望尽快确认极震区的破坏情况。虽然主力专业人员还没到，还要有详细的灾情调查，但在最短时间内掌握极震区实况是有很大意义的。所以，我和海涛等人准备马上出发，寻找离震中最近的人群聚集点。

巴州的东兵副州长是我熟人，他曾经陪我沿着塔里木河走到若羌和且末，然后顺着沙漠公路回到库尔勒。这次他也陪我一同前往。

当地老乡说，阿尔仙沟里面有个简易的温泉疗养院，那里好像有不少人。从地图上判断，确实那里距离震中很近，于是我们决定进沟。

山体滑坡

滑坡快把路挤没了

阿尔仙沟，也叫温泉沟。沿着温泉沟，有一条沙石路，这条路是路尽头那家温泉疗养院专修的，土路沿着一条溪流溯水而上。左侧是山，右边是河，河的对岸是苍翠的森林，除了去疗养院的人和当地的牧民，这条路很少有人走，所以这里是近乎原生的自然状态。

车辆一直沿着这条路走，很快手机就没有信号了。两侧山上滚石、滑坡现象很严重，不时见到滚落的石头，车辆不得不小心翼翼地绕行。在粗糙的卵石沙砾路上，车辆颠簸着，走得很慢，路旁山坡上的枯树被连根拔起。行进中抬头看到山上有沙石在落下，似乎是在发生小的余震。我们随时要警惕地注意山上的动静，有时候要快点开，有时候就停一会儿。

其实，沟里风景很美，山上全是绿色的植被，笔直的杉树原始林连成片，沟底是冰凉湍急的巩乃斯河的支流，因为地震的事，一点欣赏的心思也没有，只是担心头顶山上的滚石和余震。

这样行驶了约 20 多千米，路的尽头是“温泉疗养院”，这条路就是他们专门修的。我问老板，修这条路的钱可比你这疗养院花钱花多了。老板说这是临时的，将来山下的酒店建好后，温泉水引下去，这里保护起来。

温泉疗养院，只是一些很简单的平房，有砖木的，有木板房，条件非常简陋，一间平房里放着五六张折叠单人床，木板房里是隔开的一间一间的温泉浴室。由于就在山半腰，地震时，山石滚落，一块长有一米、宽约七八十厘米的石头落在浴池里，木板房的浴室基本都被砸坏了。平房的房顶砖头脱落，砸伤了几个游客，据介绍，这里当时住有 100 多人，震后，有 9 人受伤，在平房的外边，我还看到地上有血迹。

疗养院的简易房屋

山上滚落的石块

地震后，有车的游客基本都走了，其他没有自带车辆的游客很着急。是新源县派来轿车把剩余的 73 人全部接出山沟。

我们到达时，游客全撤离了，只有管理人员和地方乡镇陪同的人员。沟里还有两户牧民，一处采矿点，采矿点上有十几个人，地震后了解，全都没事。

这个地方，基本就是震中，微观震中距离这儿也就不到 10 千米，所以，这里是离震中最近一处人群聚集的地方了，附近方圆十几千米内，基本没什么人员活动。后来统计，这次地震一共有 52 人受伤，其中新源县 35 人，和静县 17 人。和静县伤员中，仅温泉沟一处就有 9 人。

在温泉沟采矿点有一部卫星电话，是沟里和外边联络的唯一方式，我用这个电话，接受中央电视台新闻频道的直播采访，因电话卡话费不够而中断，只能到山外再说。

山体草皮剥落，树悬着，随时可能垮下

考察完距离震中最近的居住点后，掌握了第一手资料，开始往回走。进沟的时候着急到目的地，没做停留，出沟时顺带考察地震后的地形地貌。这时才发现，极震区的滑坡、垮塌十分严重，随行的栾毅、陈宇鸣忙着拍照、记录。

越野车在一处滑坡体山脚下停下来，大家看到一棵大树被拔出横在地上，头顶上还有几棵松树悬着，树根下的泥土碎石已经滑落，本来是绿色覆盖的山坡露出大片的泥土，这都是刚发生滑坡、垮塌的痕迹。“前面快走、快走！”小陈突然着急地冲着前面那辆车子喊，此时海涛也急着说:“快看快看，余震来了！”顺着他的手势，我朝上看，只见山顶附近的确有碎石在崩开散落，大家急忙往前面跑几步躲避，此时一些崩落的石块散落着砸了下来。

直到走出温泉沟后才有了通讯信号，我们得知，刚才确实是一次 4.2 级的余震。我们分为两路，王海涛局长继续留在巴州和静县，指导巴州的现场工作，我回那拉提镇的现场工作总指挥部。

在回那拉提的路上，找到山里一处信号较好的地方，停下车，接通中央电视台的电话，为新闻频道做了约 10 分钟的现场直播，介绍了一些地震现场的情况。下午 5 点多回到那拉提镇。

一路走一路在想和海涛讨论的事儿，此次地震极震区因人烟稀少，且没什么像样的建筑，很难估计震害。这家温泉疗养院都是简易的轻型建筑，恰恰抗震性能好，不足以说明问题，所以，山体的滑坡、垮塌，海涛强调还有落石崩塌的规模，等等，都是判定烈度范围的一些依据。

忽然又想起，在沟里拍摄震害时，有一个现象令人费解。

山体划痕怎么来的

在阿尔仙沟的深处，我们看到路旁山体上一个有趣的现象。覆盖着青草的山坡上，有许多明显的划痕，一道一道的，清晰深刻。这样的痕迹有多处，有的地方甚至很密集。这是什么原因呢？

开始以为是震动引起山体松动，许多细碎的滚石连续地下滑，摩擦草地后拖出的擦痕。可是细想，也可能不准确。栾毅学的地质，也说，如果是石头崩落，不会那么顺当地贴着山体滑到山脚啊，在山腰山坡就可能弹起坠落。如果是碎石吧，也有疑问，若是连续滑落，似乎重量难以拉出那么重的痕迹；若是较重的碎石，那么就会在半路弹起来，不会顺当地沿着山坡落地啊？

此现象还要请教。

后来回到北京，请教几位专家，并示以照片。大家初步分析，认为还是和水的冲刷关系比较大。为什么不是连成片，而是一缕一缕的，那就还要考察山顶水流的形态。

这些奇怪的划痕是什么原因造成的

当晚干部全下乡

30 日的下午，回到那拉提镇。

在镇会议室，和伊犁州副书记吐逊江、新源书记贾伊生沟通情况。贾说，新源县初步排查，20 世纪 90 年代盖的砖泥巴房子，即砖包着泥巴的墙，有很多破坏，而按照抗震安居要求建的房子都没有问题。当前救灾关键是帐篷，群众今晚住宿是个大问题，一定要抓紧解决。在 30 号下午 6 点，要全部排查完灾情，目前了解到的是，218 国道上塌方多，交通清障正在抓紧进行。

灾区安置，关键在今晚。为了稳定群众情绪，县里的所有干部都下乡做疏导、安抚工作，同时，入户登记同步进行，今晚到多少帐篷搭多少。

各路救援队伍迅速进村

贾书记还说，主要是保障灾民今天晚上过得踏实，不住危房。2011 年 11 月 1 日，在那拉提西边 70 多千米的巩留县—尼勒克县交界处发生 6 级地震，当地政府震后处置，也积累了一定的经验。一是干部第一时间到达。去年地震时 8 点多了，都起床了，干部到位比较快。这次地震 5 点发生，还都没起床，但也集结得很快，5 点半就集合干部、民兵准备出队了。二是房屋鉴定，危房贴封条，不让进去住。

县里遇到的困难是，去年地震之后，安排 13000 多户重建，已经有 7000 多户开工建设，现在又遇到 6.6 级地震，给重建工作带来新的压力，恰似雪上加霜。

下午 6 点左右，接到国务院领导同志的指示，是通过中国地震局局长陈建民和民政部部长李立国转下来的，要求继续强化震情监测、趋势研判、震害调查、损失评估等工作，指导和协助当地做好抗震减灾、抢险救灾工作，全力救治受灾群众，切实安排好受灾群众的生活，严密防范山体滑坡等次生灾害发生，等等。

吐书记和贾书记比较有经验。他们说，今晚很重要，灾区群众在地震中受惊吓，要让群众得到实在的帮助。所以，要求全县的各级干部一律下乡进村，今晚和群众在一起。

确实是，我在村里面看到，群众都在街上站着，有些不知所措，可是当他们看到一队队的解放军、武警官兵列队进村搭帐篷、拆危房时，大家逐渐显得踏实了。群众开始回去收拾，因为觉得有人管了，有了主心骨。

地震现场工作队的同志们陆续到了。接通地震台网，架设了几个流动台点，可以实时监测余震活动。下午的几次余震级别不大，4级多，此时，强些的余震随时可能发生，州、县政府也通知今晚灾区群众不能在危房过夜。

地震的紧急应对，确实需要地方政府和专业部门密切配合，才能够以最好的工作效率做好震后的救援和安置工作。

“干部全下乡”，“和村民在一起”。这个时候，群众最需要的是党和政府的关心和支持，而灾区各级干部就是党和政府抗震救灾要求的执行者，代表了党和政府的形象。

喀拉苏和科勒布拉克村的富民安居房

新源县是受灾最重的县，而那拉提镇距离震中最近，所以又是灾情最重的乡镇。现场工作队将开展这次地震灾情的全面调查和损失评估，调查未开始，我们先去镇上两个村子看灾情。

喀拉苏村，村里的土坯房子倒塌的较多，其他的砖木房普遍有裂缝。地震后12个小时内，这个村子已经收到约40顶帐篷。村长说，先分给房子破坏比较严重的群众。又到科勒布拉克村，这个村子比较大，有600多户，分为好几个组，得到的几十顶帐篷先分给房子破坏重的户，然后是民族户。村里有许多村民是回族、哈萨克族。村长告诉我，20世纪90年代盖了一批土坯房，倒塌得多，后来又建的一些砖包泥的房子，也没考虑到什么抗震，普遍有裂缝，有的还比较严重。我们在现场实地看到，这些房子为了节约费用，基本不抗震，砖是用泥砌的，没有圈梁，没有构造柱，混凝土过梁搭在砖墙里，一般都有裂缝，有的基本成危房了。

但是，村里也盖有抗震安居房，现在叫富民安居房，地震后什么事也没有。安居房的要求是，有圈梁、有构造柱，面积不少于80平米。看了几处抗震房，虽然还没完全盖好，但经历地震安然无恙。村长说，村里几百户人，盖这种房的才几十户。原因很多，一是有比例，二是自己还是要花许多钱，出不起。国家给每户补贴1.4

万，其他都要自己出。我问，不是有信贷政策吗？我听说 1.4 万之外的部分可以信贷 60% 呢，而且低息或无息呀。村长说，贷款是可以，但要向农村合作社贷，评估不上你的话它不贷给你，还是贷不到。

我们看到在几个土坯房的院子中间，鹤立鸡群似地有一座灰色轻钢瓦顶的安居房，面积不大，约 30 多平米。村长告诉说，这是为一位五保户盖的，不要自己出一分钱，用国家给的安居补贴款就够了。

另外，他说："这个村子上学的娃多，出去就不回了，像我，孩子出去读书不回来了，就我们两人，要那么大房子干啥？"

村子里把今天运来的帐篷先给了塌房户和民族户，汉族的先不给，村长是汉族，50 岁了，还说现在村干部不好找。

得到几个印象是，新疆近年来推广的抗震安居房的政策很好，房子抗震、宽敞，但补贴还比较低，推广起来还有一定困难。基层在照顾五保户、残疾人等住房时，国家的补贴发挥了作用，惠及最基层，效果很好。

晚上 10 点多，在镇会议室开协调会。参会的有巴州的史州长、张东兵副州长，伊犁州马州长和副州长刘青昊等，传达领导指示，安排研究落实的措施，其中包括明天展开地震损失评估的工作。

参加地震现场工作的伊犁州副州长刘青昊和新源县副县长阿孜古丽

牧民新的抗震定居点

这次地震的特点是，震级高，6.6 级，是这个区域多年未有过的；有感范围大、受灾范围大、受灾的人数多，损失比较大，几乎震中区所有土木结构的房子都受到不同程度破坏。

巴州州长史建勇说，地震对和静县的道路影响较大，公路部门及时清障，保障畅通，对所有的探矿、采矿点全面排查，没发现大的问题。

现在工作队的重点工作是震后趋势和强余震的判定，以及灾情的调查评估。

一夜无眠

昨晚，地震发生后的第一夜。县、乡、村三级干部住在村子里，平稳度过。这里是多民族聚居的地方，文化、风俗、习惯多有不同，干部们入村疏导、安抚，许多人都是一夜未眠。

地震的当天晚上，晚霞依然灿烂

贾书记说，截至 7 月 1 日早晨，新源县到了 375 顶帐篷，但和实际需求比还差得远，昨晚很关键，群众的稳定是大事。昨天群众开始都不敢回屋，看到干部、武警、消防队员陆续进村，家里一拨一拨地总有人查看，昨天又没有下雨，虽然有余震，也不是很大，群众的情绪逐渐稳定。昨晚，县里各级干部都在村里。按照要求，帐篷到位后连夜要搭起来，武警用高杆应急灯照明，所有运到的帐篷都搭好了。

开到现场的地震应急通信车

今天还将运到 1500 顶帐篷。那拉提镇有 3 万多人，9 个村子一个社区，是比较大的镇，又是旅游区，平时流动人口也多。这里也是离震中最近、受灾最重的镇，需要帐篷多，今天到位的帐篷中有 1000 顶要用在这个镇。

截至 7 月 1 日早晨，地震系统在震区的现场工作队伍共约 50 多人。现场工作队分为 20 个小组，每组 2 人和一位县乡干部，一部车，下去做灾害评估调查。

总指挥部由王海涛指挥，宋和平和侯建胜任副指挥。

美丽的伊犁河谷

谈谈地震的预防

在驻地，下午接受了当地几家媒体的采访。

这次地震发生在长期重点防御区内。

所谓长期重点监视防御区，是由中国地震局组织专家经过缜密研究确定的、具备在一定期间内（如 2006—2020 年）发生中强地震背景的区域。比如，新疆就有两三个这样的地区，这次 6.6 级地震发生的地点，就是在天山中段这个长期重点监视区内。由于尚不能准确判定是否发生、何时发生，所以，当地政府就要采取一些积极的防御措施，特别是在这些区域内做好震害防御的准备。

新疆维吾尔自治区党委和政府采取了一些行之有效的措施，特别是从 2004 年起启动的“抗震安居工程”发挥了重要的作用，在几次地震中经受了考验。整个新疆已经改造重建了 150 多万户农居，占应改造户数的近 60%。这次地震发生在伊犁州和巴音郭楞州两州交界部位，这两个州的抗震农居工程也进行得比较好。据了解，伊犁州已经完成的农居改造达 60% 左右，巴州完成接近 70%，这些新农居在地震中安然无恙。去年的11月1日，就在距离这次震中不到百千米的巩留—尼勒克县交界处，发生过一次6级地震，没有人员伤亡。这次的6.6级地震，虽然震中在山里，但距离人员居住区也不是很远，没有人员死亡。零死亡的结果很说明问题。抗震安居工程在防震减灾中发挥了很好的作用，尤其在多震的区域得到了检验。为此，国务院在2006年的时候，专门在新疆开过现场会，在全国推广新疆在这方面的经验。

后来，新疆结合农牧民住房的改造，综合扩展了这项惠民工程的内涵，由"抗震安居"到"富民安居"工程，这是对农民的；对牧民的定居，则又发起了"定居兴牧"工程。这些工程的实施，都是本着国家出一些补贴、县里出一点、银行贷一点、自己掏一点的方式引导农牧民们建设的，而新房，则要求必须达到一定的抗震设防标准。

我来伊犁，就是要学习新疆在抗震安居方面的一些经验和做法，没想到遇到了6.6级地震。

阿拉善的牧民新村安然无恙

阿拉善村，位于那拉提镇东边约10千米的地方，离震中更近，约30千米左右。到那里看了阿拉善村的"定居兴牧"项目建设的牧民新村，眼前为之一亮。

首先要说，虽离震中较近，但新村在地震中安然无恙。

那拉提镇阿拉善村"定居兴牧"新村

这个村属于"定居兴牧、整村推进"模式。

新疆自治区党委、政府在民生工程中最重要的"安居"问题上，主要推进两个大项目，一个是解决农民安居问题的"富民安居"工程，前几年先叫"抗震安居"；一个是解决牧民定居住房问题的"定居兴牧"工程。

村子建在218国道北侧的草地上，有100多套房。新房都是粉色的墙壁，每户房屋左侧有个连廊，连接着一个毡房形状的房间，成为一个整体，毡房形状的屋顶是尖的，涂着镶有蓝色花边的白色，如同草原上哈萨克毡房的顶部圆锥部分。100多套房屋形成一个新村。村路是大理石铺的，中心有个牧民活动的广场，这是生活区。在村外另有一处"生产区"，是专门为各家牧民冬天圈养牲畜使用的。

新房分为 80 多平米和 120 平米的两种。我来到一户 120 平米的牧民家里，这套房只需个人支付 5.5 万元，其他全部由政府负担，建一套的成本约 13 万元。按照“定居兴牧”政策，一般地，牧民定居，政府补贴 2.5 万，州县地方再负担 1 万，其他自己付，可是这个村子纳入“整村推进”，除了上述补贴外还有援疆对口支持，所以比较合适。房子由对口伊犁州的江苏扬州负责设计施工，我才知道为什么街道用大理石来铺，大概是扬州援建的工程要“最优最好”吧。

这家的主人叫居玛努尔 · 加列力，1974 年出生，家庭地址是“那拉提镇阿拉善村二组 017 号”。他父亲分到了草场，包括夏季草场 1000 亩，春秋草场、也就是打草为过冬准备饲料的草场 150 亩。草场以按家庭为单位分配，老汉有 8 个子女，4 个女儿已出嫁，与 4 个儿子共同拥有这些草场。他们把各家牛羊放在一起放牧。居玛努尔的羊不多，100 多只，还有牛和马。草场大小和牛羊数量是要考虑“草畜平衡”分配的，6 只羊相当于 1 匹马，5 只羊相当于 1 头牛，保持草原的生态平衡。居玛努尔似乎有点担忧，他还有 3 个孩子，如果光指着草场是不行的。所以政府在定居点引导牧民搞旅游，利用好“那拉提草原”的品牌，市场的前景很广阔。

哈萨克牧民
居玛努尔 · 加列力

这个定居点是扬州设计、建设的，300 多户牧民中，只有 100 多户进入，所以制定了一些条件，比如有一定经济能力的、贫困的、经营旅游有一定能力的，等等。进点是自愿的，也有不愿意的。

阿拉善村牧民新居

阿拉善村的第一书记阿力克，也是新源县农机局的书记，他一直陪着我们，给我们介绍情况。新源县哈萨克族女副县长阿尔达克也一直陪着我考察，帮我翻译。

那拉提镇阿拉善村有 3 个牧业队、2 个农业队。解决安居房的政策，农民和牧民不同。牧民新村是去年盖的，今年是“定居兴牧”的第二年，目标是在“十二五”计划期间，所有牧民全部解决定居新居。

“定居兴牧”的政策，不仅正在逐步解决牧民的定居问题，而且，在定居建房时严格设计、施工，使其具备抗震的能力，在这次地震的考验中没有任何损伤。

在阿拉善村，在村北查看了几户农民户。村北一户房屋坍塌户的主人是诺尔巴克提，哈萨克族，属于阿拉善村七大队，家里有媳妇和两个孩子，他平时外出打工，做汽车维修。他家只有 4 亩地，租出去，每年每亩 350 元。30 日到村的帐篷多数投放在七大队，集中解决塌房户。他父亲家在他的南边，也损失较大，先拨了一顶帐篷在他父亲家院子里搭建。他的弟弟、弟妹和他一家也暂时住在那里。看样子他的生活比较辛苦，靠租出去几亩地是不行的，外出打工，还没完全适应“市场经济”呢。

被安置的哈萨克族群众

迅速搭起了帐篷

重温入党誓词

7 月 1 日，是党的生日。整个指挥部的工作人员，都在紧张的工作中度过。出去进行灾害评估的各个小组，冒着余震、滑坡、滚石的危险，奔波在灾区各处。每个小组出发的时候，都带上馕作为干粮，还有一些水、黄瓜，等等。

馕这种食品实在是很合适做干粮的，不容易坏，便于携带，发面微酸咸，野外充饥再好不过了。参加现场工作的除了来自新疆地震局的人员，还有从北京来的应急方面的专家、援疆对口伊犁州地震局的江苏省地震局的张振亚等同志、地球物理所在新疆开展野外工作的几位研究人员，以及对口援疆巴州的河北地震局刁桂岭等专家，可谓人才济济。

晚上 11 点后，外出的队员才陆续地回来。不管多晚，大家都主动回到指挥部报到，看看有什么新的信息和要求。

时钟已过了午夜12点，已经是7月2日凌晨，可是我们觉得还必须要做一件事。

伊犁州地震局局长孙秀国和新源县的科技局书记张建荣早已经准备好一面党旗，给每位在场的队员发一枚“为人民服务”的纪念章。我们都戴上了纪念章。

就在指挥部的教室里，就在这寂静的七一的夜晚（或说凌晨），这些在地震现场遇到一起的地震工作者，不顾一天的疲惫，精神抖擞地站在一起，重温了入党宣誓的誓词。

重温入党誓词

特殊的时间、特殊的使命、特殊的集体，把大家紧紧联系在一起。面对余震不断的地震现场的考验，大家不约而同地想到汶川，想到玉树，想到那些在地震中罹难的人们。所以，大家为能有这样一次机会而感到光荣，为能帮助灾区群众做些事情感到自豪。

几位还没入党的同志，也和党员站在一起，体会作为一名党员的誓言。大家共同的声音，在教室里回荡，飘出窗外，传向草原的星空。

班禅沟里查震害

7月2日上午，去巴音郭楞州察看灾情。

从那拉提沿218国道向东走，很快进山，前天来时路上一些滚落的石块大部分已得到清理。在巴州指挥部见到新疆地震局副局长宋和平、巴州州长史建勇和副州长张东兵。简短交换意见后，我们出发考察。

震后路边滑坡

路边垮塌随处可见

在217国道的西侧，与前天进入的阿尔仙沟平行，还有一条“班禅沟”，据说因这里的蒙族人信奉藏传佛教，班禅曾经来到这里讲经，故而得名。沿沟一直向里走，又是一路沙石道，约20多千米后，路的尽头是一处铁矿，叫新疆和合矿业，是多家国企组成的股份制公司。

矿山的救援帐篷

这个位置，也离震中不远，和阿尔仙沟距离震中差不了太多，海拔2700米。查看矿上的办公楼时，州建设厅的人说，这座办公楼是按照0.2g、也就是Ⅷ度设计施工的。这座楼一共4层，一楼破坏最严重，二楼相对轻些，房间里的剪切裂缝非常严重，而且不同方向的墙壁都有裂缝，已经不能使用。办公楼是2008年施工、2009年启用的。此处距离震中不到10千米。这里属于Ⅷ度烈度区。

矿山办公楼震害

办公楼的南侧是宿舍楼，2010年使用，一楼发现有裂缝，但比办公楼的情况要轻得多，有一个人受伤。

我们的问题是，宿舍楼的结构、设计、位置都和办公楼差不多，施工也应该差不多，为什么灾害程度差别很大呢？和平同志比较有经验，他分析，办公楼的位置相对较高，这里地基都是河滩卵石，尽管挖了地基，但深度不够，即使建筑设计施工符合标准，地基对地震时建筑物受损也要负很大责任。

锅炉房和110千伏变电站都受到比较严重的损坏。水泥梁柱中间的填充砖墙脱落严重，变电站的机柜都蹿出来了。这个变电站刚建成，今年5月4日才运行，现在停机了，是因为从山外拉进来的电线杆，地震时有一些被拔了出来，有个输电铁塔被滚石击中砸坏。

电杆拔起，草皮滑落

和静县副县长黄新平陪我们查看灾情。他说，这家企业打算今年完成投资10个亿，已经完成了9.2亿投资，注册3亿，现在在山里有2000人。企业年产120万吨铁精粉，利润预计2个亿。查了查位置，这里距离震中9.8千米。

班禅沟里，处处可见地震造成的山体滑坡，山体都覆盖着草皮，滑坡使得草皮脱落，一块一块新鲜的草皮散落着，说明是由这次地震引起的。沿沟的电线杆，大概是通信用的木杆，有许多从山坡上被拔出来，有的甚至悬空，被电线扯着。

回那拉提的路上，听大家说了个笑话。

现场灾情评估分了约20个组，派出去调查灾情，其中宋立军、韩志强、陈宇鸣他们遇到这么件事。

牛不躲车，都说是犟牛，特别是牛群，在路上慢悠悠地走着，车辆要小心翼翼地躲闪着通过。但没想到的是，驴更犟。他们下去调查时，在路上遇到两头驴。一鸣笛，驴反而不走了，就横在路中间，轰也不走，打也不走，拉更不走，搞得他们哭笑不得，只能稍等会儿，找机会拉开再说。宋立军拍下来，发在博客上，还注上：驴说“不许超车”！

宋立军是地震现场经验丰富的专家，新疆地震局处长，是2008年四川汶川特大地震、2010年青海玉树大地震现场考察评估的主力，这次他和新疆局胡伟华分别担任现场评估西线和东线的技术负责。

巴音布鲁克草原上定居兴牧

翻过中天山向南，是海拔更高的巴音布鲁克草原，进入巴州境内草原的第一镇，是和静县的巴音布鲁克镇。

自和静县巩乃斯镇向西20多千米，回到217、218国道交叉的“零公里”处，沿217国道向南，沿盘山道，翻过中天山一些海拔3000多米的山峰，就来到了巴音布鲁克草原。虽然翻山不过七八十千米，但两边的景色完全不同。

巴音布鲁克镇，海拔2290米，看手机定位，距离震中为67.5千米。来到巴音布鲁克，一方面看看震害，其实我最想了解的，还是这里“定居兴牧”方面的情况。

在离镇不远的草地上，看了一处“定居兴牧”新村，共44套，面向全镇6个村的牧民。新房9万元一套，自己拿4万，国家补贴5万多。新房的面积比较小，60平米一套，是最早一批称为“抗震民居”的房屋，当时的标准是，最低面积每套60平米，现在提高到最低80平米，最高可以到120平米，都属于“定居兴牧”项目。

费用的分配是这样的，牧民定居国家补贴3万，县里补贴1万，抗震安居房1.4万，共5.4万，自己出4万。

政府鼓励牧民转为城市户口，如果转城市户，每平米再补给30元。我们看到的定居房，建在巴音布鲁克镇上。和静的面积太大了，牧民人数少，县里更鼓励牧民去和静县城定居，如果牧民去县城买定居房，每平米再给50元补贴，即5.4万再加5000，共5.9万。

巴音布鲁克镇的牧民安居房

安居房和旧房的对比

和静县在巴音布鲁克草原设立工委，称巴音布鲁克工委，下辖一乡、一镇、三个牧场。巴音布鲁克是以蒙古族为主体的地区，陪同我们的工委书记刘雯雯显得很年轻，但确实是经验丰富的“老干部”了。全镇约 1.2 万人。牧场是国营企业。

巴音布鲁克有 2000 多蒙古族牧民，有少数哈萨克牧民，一部分已经去县上定居点。除了国营牧场外，草原也是分配到户，牧民有草原使用证，50 年不变。

巴音布鲁克镇有 317 万亩草场，776 户牧民，平均每户约四五千亩草场。这里的羊的品种很好，叫黑头羊，头是黑色的，浑身雪白，个头大，也叫美利坚大尾羊。草场的分配和包产到户政策一样，叫作“增人不增草场、减人不减草场”。

副县长张教军告诉我，巴州和静县在县城建设牧民新的定居点，已经完成了 500 套，其中 300 套已住上牧民，今年还要完成 1011 套。去新的定居点，本着牧民自愿的原则，且优先照顾残疾人、贫困户，今年再启动 500 套。

牧民在山外有了定居点，在山上仍然保留生产点，也叫冬窝子，在草场里还保留着土房子。有了定居点，老人、孩子可以在这里生活、上学。一般地，草场距离定居点很远，最远的达一二百千米。

现在全镇 80%～90% 的牧民都有了定居房，但各家资金投入不同，房子差别较大，有的为了省钱，买的是镇上的旧房。真正住上“定居兴牧”抗震新房的牧民，约占 30%～40%。张县长说，现在这里的牧民平均寿命 50 多岁，所以，要采取政策措施，让人畜下山、减牧。“定居兴牧”，提高牧民的抗风险能力。

加才牧副镇长，蒙族，也给我们介绍了一些镇上牧民的情况。776 户牧业户，是有资格分到草场的，其中有 45% 的人家是“无畜户”，即他们家没有牲畜，把草场包出去，让别人放养。50% 多的户是有畜户，全镇总共有 108000 头（只）牛羊。

巴音布鲁克这里的比例是，5 只羊顶一头牛、一匹马，大概是根据草场的容量确定吧。与伊犁州有点不同，这里的草黄绿，时常干旱，长得比较矮，但质量好，叫“酥油草”。这里海拔 2200 米以上，而北边翻过中天山到达伊犁河谷，海拔才 1400 多米，草场葱绿，品种多，所以羊和大牲畜的比例是根据不同草场质量确定的。

冬天的时候，牲畜在冬窝子，老弱人员在定居点过冬。这里冬天奇冷，最冷达到零下 49℃，所以，建设定居点对牧民来说有多么重要，以此逐渐改变牧民的生活习惯。

可放牧的草原，除了国营牧场以外，按照国家政策，已经分配到牧民户使用。牧民拥有使用证，而且 50 年不变，但“增人不增草场、减人不减草场”，使得牧民的后代会觉得草场越来越难以维持生活，所以也迫切地面临着转型问题。另外，游牧动荡的生活，使得牧民的生活质量难以有较大提高，子女教育、老人养老都是问题，由此，政府“定居兴牧”的政策应运而生。为牧民提供优惠条件建设永久定居点，成为新疆维吾尔自治区“十二五”计划期间必须完成的“硬”任务。而新疆多地震，借着这个机会，把牧民的新居建成具有抗震性能的新房，使其具备防震减灾的能力，也是新疆重视民生、重视减灾的重要举措。

明智之举，民生之举。

维族老人来慰问

3 日的上午，我正在指挥部里。大教室里许多同志都在忙碌，有分析资料的、台网监测的，也有整理灾评数据的。新源县的副县长阿尔达克走进来，在我耳边说了几句话。

我赶忙站起身，和她一起走出门外。

大约 12 点时，来了一位维族老人，要见我们。老人和他儿子一同来到镇政府，专门来慰问地震局的工作队。他儿子开着一辆客货小卡车，带来一只羊，是当地最好的黑头羊。老汉说，你们从远地方来，专门帮我们做地震救助工作，我要看看你们，羊专门给你们吃，是纯天然的，喝矿泉水、吃中草药那种，4 袋面粉给当地灾民。

他说，政府帮助盖了房，帮我们富裕了，我要把多余的钱给灾民用用，我要感恩。老汉深情凝重、态度严肃，很认真地对我说了这番话。他还不是那拉提镇的，是新源县塔勒德镇阿克其村的牧民，叫阿山江，听说这里灾情比较重，听说我们从北京来到这里现场工作，自己专程赶来慰问我们这些外地来的地震工作队。

前来慰问的维族父子

他还说，要帮助当地两户灾民盖房。听副县长说，他在地震前就支持当地两个孩子上学。老汉说，是的，我要一直支持他们上大学。老人的举止言谈，令我们感动。

他儿子肉孜买买提从卡车上牵下那只羊，很大很壮很欢实。我接过来，交给宋和平，把羊转送给那拉提镇政府。

在院子里，我们举行了简单的仪式，把羊交给副镇长。

我说，非常感谢您的这份情谊。地震发生后，党和政府十分关心灾区群众的受灾情况，派我们来做好地震现场的应急工作，这是我们的职责。这次地震给你们造成了损失，但地震并不可怕，请你们相信，只要在党和政府的领导下，团结和带领灾区各族人民科学应对，就一定能够共渡难关，战胜灾害，重建我们的美好家园。

维族老人阿山江来慰问

伊犁州的副书记吐逊江、人大副主任努尔、副县长阿尔达克等几位都在，所以都可以翻译。这只羊交给了副镇长，我们就进指挥部工作去了。

下午，我出来到镇政府院子里，发现那只黑头羊被栓在一处墙角的草地上，我们走过去，它还朝我们直叫。小陈说，您看，它都认识您了。我还想，怎么也没人喂点水啊。吃晚饭时我们又说起，大家十分高兴。

刘青昊副州长说，这次地震后，我们下乡时，和老乡聊天、说情况，老乡们大都很平静，有的还有说有笑的，不怎么紧张，我们这次震后的安置工作及时、有效，又没有死人，救灾行动有序、有效。

阿山江老人的身影，全天总是在我眼前晃动。

共商减灾大计

下午 2 点，自治区党委书记张春贤组成的慰问团一行来到我们地震局指挥部慰问。我们介绍了这次地震的一些基本情况。书记对我们的工作给予高度评价，并表示慰问。

我们向自治区党委介绍了新疆采取抗震安居、富民安居、“定居兴牧”等措施、农牧民房屋在地震中经受了考验的情况后，张书记听了很高兴。他表示要尽快研究如何加快推进安全民居建设的进程，让新疆的农牧民群众尽快都住上抗震的、安全的新房。

接着，下午在新源县召开了伊犁州的抗震减灾工作会议，张春贤代表自治区党委，对第一阶段的抗震救灾工作做了简单回顾。他说这次地震的应对有几个特点，一是领导得力、反应迅速；二是全力救灾、配合顺畅；三是信息及时发布、稳定人心；四是民族团结、互相帮助；五是抗震体系更加完备。下一步要全力以赴做好各项救灾工作，要防止次生灾害造成更大的破坏，抓住群众最关心的问题，做好工作。特别是安居问题，各州要及早启动，调整计划，富民安居、“定居兴牧”，把国家补助和地方措施打捆考虑，把受灾群众的房屋建成安居房。自治区将尽快开会研究，各州也抓紧考虑。

自治区领导来到指挥部

这真是新疆群众，尤其是农牧民的一个大好消息。

尾声

以上记录和描述的，是几天内在地震现场的一些经历和思考。这只是从一个视角、一个侧面反映了一些情况，而远不能反映现场工作的全部。

现场工作的主体，是我们那些来自各个单位的专家、科技工作者们。他们在地震后迅速集结，怀揣干粮上路，迎着日晒雨淋的困难、顶着滑坡滚石的危险，在震区四处奔波、调查，震后几天，几乎很少睡觉休息。我想，只有和大家一起栉风沐雨、共担风险，承担现场任务，才能体会到工作的甘苦与艰辛。

宋和平、宋立军、胡伟华、杨正斌、刘爱文、赵宝宗、常想德、孙秀国，以及陈建波、吴国栋、阿里木江、吴传勇、李志华、谭明等，这些名字已经深刻留在记忆里。

新疆地震局的局长王海涛、副局长宋和平在现场指挥了工作队的工作，江苏局张振亚、河北局刁桂岭主动请缨，参加了全部现场工作。随我从北京来伊犁的栾毅、

美丽的伊犁

韩志强、陈宇鸣，一起参与了指挥部的工作。

在这几天，伊犁州副州长刘青昊一直陪着我们。刘州长是南京市的规划局局长、博士，来这里挂职三年。他的面孔晒得黝黑，和我们一起跑现场，一起经历在余震抖动中深入震中区探察的时刻。还有几位一直配合我们工作的民族干部，她们是新源县的维吾尔族副县长阿孜古丽、哈萨克族副县长阿尔达克和县科技局长阿孜古丽（与副县长同名），她们的吃苦耐劳、细心周到，和农牧民在一起时的融洽交流，都给我留下十分难忘的印象。

这次在伊犁参加地震现场工作，有许多的收获体会。不仅完成了地震现场的各项工作，还做了一些调查研究。

首先，看到了新疆这几年大力推进农民抗震安居房建设、“定居兴牧”抗震房屋建设的成果和效益。在地震多发地区，必须做好震害防御的各项工作，其中最重要的是群众的住房，一定要达到抗震的标准。新疆把安居作为惠民工程最重要的一项，坚持不懈，稳步推进，在政策上、资金上、宣传上以及各种配套措施上，周密部署，达到了预期的效果。不仅大批农民住房条件在近几年得到改善、牧民定居数量不断增加，而且注重防震减灾理念，达到抗震设防要求，在几次地震中经受了考验。

其次，各级政府和农牧民，更加注重爱护家园、保护环境。草原牧场严格执行“草畜平衡”的要求，特别是伊犁的那拉提草原、巴州的巴音布鲁克草原，都在联合申报世界自然文化遗产。为保持巴音布鲁克草原的核心部位天鹅湖的环境，和静县把一个乡整体从景区迁出，迁到镇子上。牧民定居的政策，这几年在抓紧实施，使牧民不仅有自己的夏、秋牧场，还有具有抗震性能的定居房，逐渐还可以经营其他，转变生产、生活方式。

第三，增加了地震现场工作的经验。这次现场工作反应迅速、出队很快，来自各方的队伍当天晚上之前已经在现场集结完毕；前方后方工作配合顺畅，包括北京、乌鲁木齐和那拉提地震现场指挥部之间，信息沟通十分便捷；主动配合媒体，积极报道宣传，及时向社会通报信息，在稳定群众方面发挥了很好的作用。现场工作队员们“特别能战斗”，不怕苦累，不怕牺牲，受到当地政府和群众的称赞，表现了地震队伍的高素质、高水平。现场工作队圆满完成了中国地震局党组下达的任务。

回到乌鲁木齐时，受领导委托，我向新疆地震局表达了慰问和敬意。地震之后还有许多工作要做，但现场工作的一幅幅场景，会留在心头，值得永久的纪念和回忆。

现场工作，有着相当大的风险和挑战。在现场工作的几部越野车从那拉提回乌鲁木齐市的途中，一辆车出事侧翻，几名队员受伤，经救治无大碍。刚才又给伊犁州地震局孙秀国局长打了电话询问受伤队员病情，一位留观的伤员现在病情稳定。

防震减灾，一项非常有意义的、很不一般的事业，我们还将继续前行，扎扎实实地，为减轻地震灾害多做一点事情。

在地震现场，随手记些简短的文字，晚上难以入睡，及时梳理，回京后，根据线索回忆整理成篇，供同行、朋友们参考，以了解地震现场工作一二。

2012年7月整理

川西救灾

——四川芦山7.0地震灾区现场手记

题记：

2013年4月20日8:02，四川雅安芦山县发生7.0级地震。按照预案要求，有关部门派出了现场工作队。笔者参加了这一应急行动。灾区几日，昼夜奋战，耳闻目睹并亲身经历了抗震救灾的诸多大事小事，随手记下线索，拍下照片，尽是鲜活生动真实场景。回京后细细回想、整理成文，虽不系统，却希望能使读者从几朵浪花中感受到救灾现场之波澜壮阔，以及对如何更好地组织今后救灾行动的深入思考。

4 月 20 日

按照应急预案要求，地震后机关立即启动了一级应急响应。这个级别的地震，要立即派出现场工作队。于是，下午 4 点许，我们已经降落在成都双流机场。

四川对口部门已经安排好车辆，分批到达的人员陆续乘坐越野吉普直接开往地震震中雅安市芦山县。

从成都出发，很快驶入成雅高速。高速公路上车辆很少，跑的都是和救援有关的车辆，此时已经限制社会车辆上高速，以保证道路通畅。据说上午有许多志愿者驾车进入灾区，使得道路拥堵。中午，成都市采取措施，限制民用车去灾区。

路上的电子显示牌显示的也是和抗震救灾有关的内容，保证救灾车辆通行。到了雅安，去芦山县的路封闭了，因为到飞仙关一段有巨石挡道，有一辆军车避让时出事故，两名战士牺牲、还有几名战士受伤。此时去芦山的所有车辆只能绕道，经雅安南边的荥径县，向北经天全县，再去芦山震中。

尽管都是救灾车辆，由于数量过多，也造成了拥堵。在双河口附近，车辆终于走不动了。好在有公安和部队疏导，走走停停，到芦山县城时已是凌晨 2 点，100 多千米的路，走了近 10 个小时。

一路上，处处感受到四川群众对灾区的关切之情。走过街镇时，虽已傍晚，有许多群众聚集在街道两侧，默默目送着奔向灾区的车辆；有的家门口挂着块自己写的字牌："注意安全，一路平安"。路旁不时有个帐篷，堆着一些瓶装水、方便面等，横幅上写着"青龙镇党员救灾服务站"、"志愿者服务岗"，等等。也可以看到观望的人群里有人举着牌子，写着"救灾志愿者服务站"等。

一路上得到的深刻印象是，抗震救灾最初的关键问题是交通疏导。试想，震中往往交通不便，短时间内，大批车辆人员集中到狭窄的地方，极易造成堵塞，影响救灾行动，只有交通通畅，才能保证生命救援能够及时、高效。这次行动，四川省吸取了汶川地震的经验教训，一开始就注意疏导管制，显然是很必要、很有效的。现在看，交管限制的时间还可以再早些。另外，虽然限制了民用车辆，路上几乎全是救灾车辆，也还需要足够的人员维持交通秩序和疏导。

到 21 日凌晨 2 点多才进入芦山县城。此时，县城里到处是救灾车辆：军车、发电车、通信车、救护车、消防车以及大批的越野车等，但各种车辆排列整齐、让出路中的通道，停放在路两侧和中间。有感余震很多，4 级以上的余震已经发生了几十次。县城的房屋都不让入住，全部要求在户外搭帐篷。临时指挥部设在县消防队旁边的一处空地上，露天拉着电灯，排开桌子，开了第一次现场指挥部的会议，开始了现场指挥部的工作。

4 月 21 日

凌晨 4：30，开完现场指挥部协调会后，在帐篷里休息了一会儿。川西的夜晚有些潮湿，耳边是同志们工作的声音，很快地天就亮了。

不到 7 点，一些去现场做烈度调查的队员开始准备出发了。露天的桌子上放着矿泉水和方便面、热水壶，好在有电可以烧水冲面。县城此时没有水，自来水管受到地震破坏，水的供应中断。

同志们几乎都是一夜未眠，或者露天合衣眯瞪一会儿，天一亮立即投入工作。我们看到县城街上，来自四面八方的救援官兵也还没有扎好营寨，很多人是在大轿车上做短暂休息。

昨晚，国务院领导在现场开会，确定了几件事情。一是由于现场有一些需要深度救援的场地，根据这次地震的规模，党中央、国务院、中央军委决定立即派国家救援队到现场，昨晚出发，兵贵神速，180 多人在 21 日 8 点多已经到达芦山县。

按照芦山县政府的建议，救援队分为 5 个组，其中 4 个组在芦山县的 4 个乡镇开展工作，分别是双石镇、太平镇、宝盛乡和龙门乡。派一个队 40 人去宝兴乡。四川省武警总队工化中队 10 个人一起前往。

住房建设部、地震局等部门组织专业人员对灾区的房屋损害情况进行鉴定和评估，同时尽快做出地震的烈度分布图来。

12点左右又发生一次较强余震，晃动得很厉害。12：02接到西南地震台网速报，4.7级，11：59，深度5千米。截至21日12点，已经发生余震1339次，其中5～5.9级以上3次，4～4.9级17次，3～3.9级50次。大地不停地在抖动，地震后的余震活动，是震后应力调整的过程，是正常现象，此时需要防范强余震的二次灾害影响。据21日的统计，已知死亡170多人，伤6000多人。基本判断震中烈度最大为Ⅸ度。

芦山县双石镇震害，Ⅸ度区

参加现场工作的地震系统各单位工作人员陆续报到。

广西地震局副局长李伟琦随着广西武警水电部队来救援，正好参加打通芦山、宝兴道路的攻坚战；湖北局副局长秦晓军带队昨天10点从武汉出发，凌晨2点到成都，8点在四川局领了通行证进来的，参加烈度调查；陕西局副局长王恩虎不仅带人带车，还专门带来三量空车，供指挥部调用。其他一些队伍，防灾学院、震防中心等一时进不来，就在外围开展灾害调查工作。

道路还是很堵，大量运送救灾物资的车辆进不来，两天后省、市、县采取更有力的措施，严格通行证制度，交通问题基本解决。

到21日13时统计，地震中死亡181人，失踪24人，其中雅安市死亡164人，失踪24人。雅安市芦山县死亡117人，宝兴县死亡24人，雨城区死亡15人，是死亡人数居前三位的县。雅安市受伤6700人，其中重伤494人。

伤亡人数已经趋于稳定，这也是地震之后统计的一个特点，震后伤亡人数统计会逐天增加，几天后趋于稳定。由于宝兴县道路中断，国家救援队等救援队伍以车载、步行多种方式翻山到达宝兴县灵官镇。24 小时后，灾情已经基本明朗。今天，我工作队有 34 个小组进村入户，开始调查震害和评估灾情。

晚上 7：30，汪洋副总理召开工作会，地点在武装部院内的大帐篷里，就像中军营的大帐，大概是县城里最大的帐篷。会议简短、务实，主要听来自基层的几位同志对救灾有什么建议。发言的有志愿者杨岩波，社区书记李卓惠，村支部书记骆振左，指导员王照东，县卫生局局长朱世华。大家认为当前最缺的是帐篷、厕所、通信器材、饮用水，最重要的事是保证道路通畅。

领导强调救灾要完善统一指挥，加强相互协调；要注意听取第一线干部群众反馈的意见；要提倡同舟共济、相互帮助，鼓励自强不息的精神；要继续发挥基层党组织的战斗堡垒作用。

考虑到受灾群众的急需，有 5 万顶帐篷、10 万床棉被、110 万平米彩条布正在运送途中。同时考虑到县城救援队伍的需要，从成都调来大量的帐篷厕所。

傍晚，开指挥部会议。监测组已经布设了流动微震台网和强震台网，而且开通了流动地震监测系统，可以通过流动显示屏来显示余震活动情况。

灾区的救援工作，在上万名官兵、武警战士和来自各地的救援队伍的共同努力下，在有序地展开着。

繁忙中猛抬头，竟然看到几颗星星，高悬在还有些清凉的川西山地的上空。

4 月 22 日

震后第三天。

截至 22 日 12 点，发生余震 2163 次，3 级以上余震 91 次，其中 5 级以上 4 次，4 级以上 20 次。根据地震后 50 多个小时内余震的情况看，这次地震属于“主震－余震”型的可能性比较大。

国家救援队一支 23 人的分队，克服道路不通车的困难，下午 1 点，徒步到达宝兴县城，开展搜救和排查。

下午，来自国务院的电话接通现场救援队，李克强总理和国家救援队领队尹光辉通话，询问了工作情况，鼓励大家继续努力，仔细排查，不留死角，同时注意安全。

此时，余震频繁。在指挥部，大家不时感觉到余震的晃动，都能估计出震级了。13：42 又感受到一次余震，2 分钟后知道，3.2 级。

现场指挥部有一台“动中通”视频电话车，可以在现场保持和成都、北京等地的视频联系，可以协助应急调度指挥。

现场的一些通信新装备充分发挥了作用，如安徽地震局带的“掌中宝”，是连接3G的“单兵系统”，可以直接向省局传回视频信号。县城凡是有网络的地方，微博、微信用得更多，及时把震区救援和安置情况报道出去，通畅的联络大大促进了现场的救援和应急工作的效率。

下午2点多，抽点时间去重灾区考察。四川省地震局局长张宏卫、副局长吕弋培和雅安市局何勇、县局许望聪一起去。

出了芦山县城，沿着乡村公路去龙门乡。龙门乡属于极重灾区，烈度Ⅸ度。经过龙门乡隆兴村铜鼓组时，看到这里的农民还没有帐篷，群众可以到村里领到瓶装水和方便面。这里用自来水，但地震后水断了。

地震后政府很快公布了应急补助的标准，和汶川地震时一样，每人每天10元、1斤粮。但目前兑现不了，米运不进来。物资暂时运不进来，县城里外都堵车。

我们来到龙门乡古城村月光三组高家边小组。古城村死了6人，受伤的较多，

龙门乡隆兴村铜鼓组

约80多人，夷为平地的有8户，这个村子震害比较严重。村里的年轻人大都出去打工，留在村里的人互相都认识，地震后大家自救互救，很快就搞清楚了谁在谁不在。

村口遇到在这个村子蹲点的工作组的人，县森林公安的王坤、县农业局的竹奇康。工作组共7个人，负责协调这村的抗震救灾工作。现在政府一级级有序发放救灾物资，主要是食品和饮用水。工作组的同志说，志愿者临时发放救灾物资有利有弊。

政府组织发放食品，只是基本的，但不时有私人或企业的救灾物资发放车辆经过，临时停车、给围上来的群众发物品。有时候形成群众的误解，有的群众拿到，有的没拿到，就产生了不平衡。一些群众不知道政府发的救济物资只是保证基本生活的，而志愿者和志愿企业发的物品品种多样，超过政府发的。

龙门乡，群众领水

有利的地方是，这些自由发放救灾物品的集体和个人，一般是看到灾情比较重和人比较多的地方停下来，临时发放救灾物资，发一些，再继续走，可以弥补一些政府救济发放的不足。

震后的龙门乡青龙场村上场口组，街市成空巷

我们来到龙门乡青龙场村上场口组。

这里的一条街已经成为空巷，本来这里是集市，非常热闹，地震后人去楼空。街道两旁二三层的房子虽然没倒，但毁坏严重，都不能用了。地面上布满了掉落的瓦砾和水泥块儿，野狗在街上踯躅，无家可归，给老街添了几分凄凉。这地方大致是Ⅸ度区。但在这条街上，却遇到一位孤独的志愿者，一位小伙子，长得很单薄，

一个人在向匆匆走过的不多的行人发放防震减灾宣传单，宣传单是县防震减灾局印的。我问他从哪儿来，他说是附近县的，地震后自己马上赶过来了。

转过街来，是青龙场村的新街道，这是一条旅游街，两旁是新建的川西风格的两层临街房，看上去完好。这条新街是汶川地震之后新建的，穿斗结构，和老街的房子对比，显得结实得多，明显地采用了抗震措施，但进屋细看，发觉屋里“X”形裂缝很多，房屋已经基本不可用。地震的实际烈度已经超过设防的标准，但做到了“大震不倒”和“中震可修”。这些房子经过修缮还可以使用，应该说基本达到了事前抗震设防的目的。

沿着向东的一条街，来到龙门乡乡政府，遇到乡长陈刚。他告诉我们，龙门乡死亡26人，重伤53人，轻伤上千人。乡政府的新楼，也是2008年后新建的，外表看着还可以，里面裂缝很多，已经不能使用。看看乡政府的楼，应该说又是验证了抗震设防要求“大震不倒、中震可修和小震不坏”的标准。极震区震损是可以想象的，但人员无恙，房屋修复后可用。

战士在龙门乡青龙场村排查搜索

全乡的人口约2.2万，全乡90%的房屋倒塌或半倒塌，已经不能使用。乡长说，救人的任务应该说已经完成90%，还有救援队在这里，坚持搜索。在村里，可以看到三五成队的战士、救援队员在巡查，有的在废墟上还在翻找。虽然一些乡亲觉着已经没什么可翻找的了，但搜救人员仍然在坚持。看到战士们巡查，帮助搭帐篷，群众们感到的是踏实，在灾害面前并不急躁，觉着政府在关心灾区群众，相信党和政府。

在龙门乡古城村的武家坝组，看到街边有几位老人趴在桌子上写标语，感谢解放军，感谢来帮助救灾的人们。

昨天，灾情调查组的34个小组到灾区考察，今天中午，已经大致有了烈度分布的初步结果，Ⅸ度区域大约200多平方千米，Ⅷ度区域约2000多平方千米，Ⅶ度区约4000多平方千米，整个Ⅵ度以上的区域约18000多千米左右，这个结果要进一步核实、上报，并向社会公布。

4月23日

天全县新华乡落改村砖木结构的房子倒塌

早上，天全县于县长和天全县地震局局长赵方辉来访。

县长说，天全百姓有怨言，认为救援力量都去了芦山县，实际上天全受灾也很重，房屋表面看是站立着，其实内部完全不能用，叫“站立的废墟”。我对他讲，地震前几天主要是救人，而需要救人的极震区都在芦山县。灾害损失的评估还没有完全展开，马上要深入调查灾损情况，同时，大批物资会运进来，形势会好起来。

现场监测预测组分析认为，这次地震的类型基本是主震－余震型，近期应该注意5～6级强余震发生，这个意见将通报给省市政府，以采取措施，防范地震灾害。昨天，中国地震台网中心刘杰研究员在雅安市的新闻发布会上，已经把这个判断意见做了通报和解释。

现场工作应结合以往的工作经验，要不断地把阶段工作成果陆续、稳妥地提供给当地政府，为减灾决策服务，一些群众最关心的内容，如破坏区域的分布等信息，还要及时公布。

这次地震的破坏范围，大致已经勾画出来。经考察，极震灾区烈度Ⅸ度，等震

龙门乡境内的危桥

天全县新华乡落改村的桥栏被震落

线长轴长条状，北东走向。Ⅸ度区面积200余平方千米，长半轴11.5千米，短半轴4.9千米，大致北东自四川省芦山县太平镇、宝盛乡以北，南西至向阳村。砖木结构、砖混结构以及框架结构的建筑绝大多数被毁坏。

Ⅷ度区大致北东自芦山县宝盛乡漆树坪村，南西至天全县兴业乡。Ⅶ度区大约北东自成都市邛崃市，南西到雅安市荥径县严道镇。Ⅵ度区，长半轴94千米，短半轴53千米，面积10000多平方千米，受到地震Ⅵ度以上影响的地区大约是18600多平方千米。

站立的废墟——

这几天在灾区，特别是Ⅸ度和Ⅷ度区，有个灾害现象，大家叫它“站立的废墟”现象。据说是救灾队伍在救援考察中的说法传开的。

这句话的意思是说，一些房屋表面看完好无损，或者损失不明显，但室内可以看到损害严重，穿透的裂缝很大。墙壁上的“X”形裂缝几乎满墙。这种房屋已经完全不能使用，虽然“站立”，已是“废墟”。

玉溪村，没有柱子的房屋

4月24日

震后在灾区考察时想到一个问题：2008年汶川8.0级地震之后，恢复重建的房子在这次地震中表现如何？这个地区在汶川地震时也是灾区，烈度在Ⅶ度、Ⅷ度范围内，许多房屋都是灾后重建的。

中国地震局工程力学所袁一凡教授考察后认为，应该说表现上乘。正是因为恢复重建的房屋考虑了抗震，这次才有许多房屋“震而不倒”，减少了伤亡。对此也有人质疑，按照Ⅶ度设防的房屋，怎么Ⅷ度就裂成这样了？其实，原因比较多，主要是一些自建房还缺乏监管。

上午11点，在总指挥部，和雅安市副市长廖磊，芦山县范书记，救援队领队尹光辉一起讨论下一步搜救工作。

范书记说，目前，各乡镇对自己的人比较清楚，这次地震死亡193人，其中芦山县120人，全县这两天的死亡和失踪统计没有任何变化。每个乡镇、社区的常驻人口都清点清楚了。廖市长说，全雅安的常驻人口，目前也都搞清楚了。目前，还有重伤900余人，有四十几人属于危重病人。所以，一般的搜索已经没什么死角了。但不排除个别流动人口、旅游者、志愿者遇到不幸。

目前，全县参与搜救的部队约8000多人，其他各类救援人员不到5000人，虽然撤了一些，但部队没撤，还在搜索。廖市长说，雅安有需要搜救的，就是芦山和宝兴。这两个地方没有，其他地方就没有了。

前天，俄罗斯救援队做好准备表示可以到灾区来，省地震局问雅安市可以推荐去哪里，市里问各县，芦山回答不需要了，问宝兴，宝兴书记韩斌表示也不需要搜救人员了。于是俄罗斯救援队没来。

下午2：30，去雅安市雨城区查看灾情。

田家炳中学是雅安最好的学校，只有高中。区委书记衡彤说，地震时700多学生有序疏散，没有受伤的，只有几个崴了脚，地震后同学们迅速按照演练的路线到操场躲避。雨城区有7所防震减灾示范学校，这所学校还不是，但平时有演练。教育局局长许江涛、校长万松均说，平时课间操时就搞疏散演练，学生们对疏散都比较熟悉了。

学校的楼房地震后已经做了鉴定，可以继续使用的楼房画个绿圈，有破坏、经

雅安田家炳中学，教学楼受Ⅷ度影响，完好无损

过维修可以使用的画个黄色三角形。学校里有几座教学楼，按照Ⅷ度设计施工。这次地震，雨城区的烈度是Ⅷ度，学校的新建楼房没什么事，可以继续使用。有几座老楼出现裂缝、鉴定属于可以维修的。学校里没有完全不可使用的楼房。

学校操场成为附近居民的临时避难场所。我问一位居民地震时的感觉。她说，和2008年5月12日地震不同，那次是晃动，这次是上下振动，而且比"5·12"更厉害，就像用电锤在砸。汶川离这里有100多千米，而芦山震中离这里十几千米，这次离震中比较近。几位居民都说，地震时上下振动，房子颠起好像有10厘米那么高似的，都说振动感觉比"5·12"时要重。

雅安城的大街上，粗略看去，大多数房屋看不出地震后明显破坏的痕迹，"可用"和"维修可用"的是大多数。一些低矮房屋、平房、老旧房屋垮塌和受损现象就比较明显了。

在雨城区考察的第二个地方是四川农业大学。雅安是原来老西康省的省会城市，西康省于1955年撤销，1956年四川农大从成都搬到雅安，就设在西康省政府的办公地。

农大校园里的楼房，经检查有6栋已经完全不能使用。其他可以继续使用或维修后就可以用。校长说，"5·12"地震后加固的楼房，这次都没有问题。

农大的学生，在地震时有400余人受伤，其中12人重伤，重伤中有5人是跳楼造成的。四川本地的学生有些经验，地震时不慌乱；外地来的个别学生地震时手足无措，甚至跳楼，导致摔伤。和中小学相比，大学的防灾教育就显得弱些，遇到地震，中小学疏散有序，受伤很少，大学生惊慌失措受伤的就多。

农大校园里，老西康省府的办公楼具有川西独特的建筑风格，有的楼房很漂亮，但内部有较多的大裂缝，经鉴定已不能使用。

第三个考察点是雨城区姚桥镇汉碑村。镇党委书记李海霞介绍，这个村子属于未经允许不让再新建房屋的区域，等着执行城镇化规划。2008年汶川地震后，农民对房屋做些加固后继续使用，这次地震损害较重，都被封了起来，基本不可使用。

雅安市廖副市长说，这次地震的特点是两大两小。一是倒房少、破坏大。许多房子看上去没倒，但是里面尽是大裂缝，已经不能使用。二是死亡少、震级大。和震级差不多的国内地震相比，这次地震死亡人数相对较少。这"两少"表示近年防震减灾工作做得比较好，许多房屋特别是汶川地震后新建的房屋，都采取了抗震措施，群众的防震意识有所提高，应急演练等都起到了作用。

4 月 25 日

上午去芦山县双石镇考察。

从芦山县到双石镇，要穿过一段险峻的峡谷，路很难走。这条路上有多处滑坡滚石，道路一度中断。这条路抢修通车后，为保证救援和救灾，采取限时单向行驶放行的措施。每天上午 11 点前车辆由县城往里放行，下午只能出镇。

我们 11 点多进入峡谷。看到两侧山石陡峻，路旁不时看到清理过的滚石，确实也有些紧张。如果此时发生强余震，还是相当危险的。

双石镇是这次 7 级地震的极震区，烈度Ⅸ度。先到的是双河村。已是地震后第 5 天了，只有少量帐篷发到，这是由于道路堵塞、运输缓慢造成的。在村委会的院子里，一位戴着“党员”袖标的老人在值班，他向我们介绍说，他是志愿者，是原来的支部书记，今年 66 岁了，叫王玉金。村里干部忙不过来，他帮着值班。

全村有 2000 多人。山坡地都退耕还林了，年轻劳力都外出打工，家里留下老人、妇女、孩子。村里许多人种竹子，卖给纸浆厂有不错的收入，可是最近纸浆厂黄了，竹子的销路成了问题。现在最需要的是帐篷。村民的房子都毁坏了，不能在屋里住，在外面搭棚子需要材料。

双石镇党委书记宋政（左）和县地震局局长刘全（右）在地震现场

这时镇党委书记宋政来了，35 岁，面带倦容，声音嘶哑。陪同我的市地震局局长何勇说，现在的乡镇干部都这样，每天休息不了几个小时，三四点睡下，六七点就得起来。宋政说，晚上 11 点在县里开过会，他才有时间吃点东西。镇上的干部总共才二十几个人，昨晚县里还要增加任务时，他说眼泪都快掉下来了，但是还要坚持，没有问题。县上派七八个人的工作组到镇里指导、监督救灾工作。

全镇有 8700 多人，4 个村，30 多个组，现在需要的就是帐篷、彩条布、蜡烛等。物资到得慢，是道路堵塞、桥梁垮塌的影响。

在双河村的群众避险点，遇到国家救援队医疗队的点，这里有 5 名队员，为在这里避险的群众诊疗。

昨天（24 号），已经开始发放受灾应急补助了，每人每天 1 斤粮、10 元钱。发放以户籍为准，长期居住的也可以认可，超生人口都给。现在对志愿者或慈善家发物资做了一些限制，还是尽量由政府统一发，这样更有秩序。

解放军在帮助群众搭帐篷

今天有100多名解放军在双石镇搜救，废墟不多了，已经做了3次排查，再没有新增失踪人口。目前解放军的主要任务是巡逻、搭帐篷、应急排危、分发物资。

我们考察队的袁一凡教授在带队考察天全县思经乡思经村时发现，许多自建新房遭到地震破坏。他说，对于农民自建房，一定要加强指导，农民有建房的钱，但在选址、房屋结构方面都有许多问题。思经村的烈度达到Ⅷ度，属于Ⅶ度区里Ⅷ度异常点，破坏比较严重与场地选址、结构不合理有很大关系。许多新房子离河床很近，地基松软，易受地震破坏，同时房屋没有柱子，结构不对。他还建议，许多房子的设计是有缺陷的，恢复重建时一定要严格把关、认真设计。

今天发布了这次地震的烈度图。

昨天晚上，经过指挥部灾评组的工作，和省、市沟通，终于完成了烈度图的判定工作。下午3点，中宣部在北京组织新闻发布会，请四川省、国新办、地震局三家参加。地震局应急司司长赵明在发布会上说，烈度图已画出，大家很快可以在地震局网站上看到。3：30中国地震局网站公布了这次地震的烈度分布图。

双石镇小学教学楼，无损坏

双石镇的徐向前故居，受到一些破坏

下午 1 点多，在雅安芦山县地震应急指挥部的帐篷前，一些媒体记者和中国地震局工程力学所所长孙柏涛、袁一凡教授，四川地震局副局长吕弋培交谈。话题包括这次地震中建筑物的受损原因、破坏特征等，等到看到网站公布烈度图后，立即转入介绍烈度图的专题，把烈度图的划定过程和一些特点介绍给媒体。

中央电视台、四川电视台等许多主流媒体都很快做了报道。地震烈度范围的划定，对灾害损失评估、对这次地震中整体受灾情况的了解，以及救援、救助、安置等各项工作的开展，都有很重要的意义。

4 月 26 日

上午继续考察。

从天全县去芦山县的沿路看到一些小学生打着标语牌："您辛苦了""灾区人民感谢您""谢谢"，等等。如果你在边上停车，会有人给你送水。这几天路上跑的都是救灾的各种车辆，当地群众对救援队伍十分感激，除了一些自发的街边服务外，小学组织学生到路两侧送水、送茶和食品，并且打出学生们自己写的感谢标语。

上午 10 点许，去极震灾区宝盛乡和太平镇考察。

宝盛乡玉溪村

在宝盛乡玉溪村

从芦山县出发，有一条县乡公路，串起龙门乡、宝盛乡和太平乡。这几个乡镇都属于Ⅸ度区的范围。从龙门到宝盛，要经过几段山谷，其中有一段十几里路的峡谷，谷底流水湍急，两侧岩石陡峭，山势险峻。地震后这里几次塌方，山体松散，滚石滑坡，甚为惊险。地震后一度被滚石阻塞，打通又堵，时断时通。开车迅速通过这一路段，我们到达宝盛乡的玉溪村。

玉溪村口有条玉溪，背后是青山，若不是地震的话，这里景色非常漂亮。现在，远处山上可以看见大面积的滑坡，植被全没了。村口建的一批房屋几乎全部毁坏，一看就是结构不合理，为了省钱，没有构造柱，只是用砖墙支撑，上边还“猴顶灯”似地探出一大块，上大下小，完全没考虑地震的因素。这样的房子有许多，全都损毁，墙柱的地方坍塌严重。

玉溪村，没有柱子的房屋，还头重脚轻

玉溪村有700多人，地震中死亡1人，重伤7人，轻伤30多人。七八户组成一个伙食团，统一搭帐篷，统一安置，3个人一顶。已经发放每人每天1斤粮、10元钱。我们遇到原支部书记高在钧，他在村里很有威望，地震后站出来帮着做一些协调工作。他说，地震后村里形成24个避险点，刚才把5个集中为一个，其他的也会陆续集中。帐篷发下来500顶，已经到位。下发的物资还有大米、面粉等，方便面很多，一人一箱。前几天，志愿者和慈善家们来发得多，这两天少了（限制了）。

老书记说，地震之后很快来了一些志愿者，他们的帮助分为几类，一类是直接在村口支起大锅做好热饭菜，村民可以排队吃上热饭菜；一类是运来大米，群众排队领米，一人一瓢；还有发矿泉水、方便面的，但志愿者带来的物资不多。有一位专发钱，排队，每人一百，发了两万多元，发钱不留名字。这些人发放物资时，开始比较随意，后来志愿者发放物资也尽量做到平衡，比如到每个居住点发，尽量都去到。

而政府发放救灾物资，由乡镇到村，是平均的，比如发水，一人一件，不造成浪费。当年汶川地震时，曾经有矿泉水堆积如山，造成浪费的现象。

玉溪村老支书高在钧说，马牛山的茶叶好啊！

书记讲，地震后的救援物资很充足，大家满意。当地的农业生产主要是茶叶，这里的“马牛山”茶叶很有名。茶叶加工点被损坏了，希望尽快恢复。灾民安置完了，就没得事了，希望尽快恢复茶叶加工生产。这是玉溪村的书记和村民最关心的事。这个村的平均收入6500元。村民主要收入，第一是外出打工，第二是种茶叶。村民对自己的生活满意，村里贫富有差距，书记说那是因为有的勤劳有的懒些。书记再三说，要求恢复茶叶加工点，有了地方住就要干活了（回到北京后我曾经在博客上讲到这一段，于是有热心人打听老书记的联系方式，要帮助销售茶叶，还有一些知情人纷纷介绍“马牛山”茶叶的优点，帮助宣传）。

我们走访了玉溪村学堂头组71号，户主叫李在良。这房子是典型川西两层木结构的房子，1986年（墙上写着丁卯年）建的，建房时他的小舅子写了一块“安居万代”匾给他，挂在门上，这是当地的风俗。这房子在地震中很抗震，结构没坏，只是填充物掉了一些，小玻璃窗都没事，玻璃一点没破，真可以叫作安居万代了。

玉溪村李在良家，木屋抗震结构

隔壁还有一家，户主叫李元信，67岁，我们见到了他，笑眯眯的，他家的房屋也一点没坏。房子是5年前建的，房屋都有构造柱，屋里有些裂缝，但是结构完好无损。这样的房子经受Ⅸ度震动后仍保持结构完好，就达到抗震设防的目的了。

玉溪村大量实例说明，在Ⅸ度区，有构造柱的房子都可修可用。反观那些没有构造柱的房子，直接由二四砖墙承重，二层还探出一大块，头重脚轻，这样的房子百分百受到损毁。

有构造柱和没有构造柱的房子，形成鲜明的对比。没构造柱的房子和川西风格的老旧木结构民房，地震后也形成了鲜明的对比。

宝盛乡中心小学，完好无损

在宝盛乡的风头村

在宝盛乡的风头村，我们走进宝盛乡的中心小学。成都空军导弹旅行动很快，在这里已经搭起了板房教室。教学楼是汶川地震之后恢复重建新盖的，这次地震之后，只有轻微裂缝，经现场结构专家鉴定，盖章认为“可使用”。这座楼经过这次Ⅸ度地震烈度的影响而不坏。

在太平镇

从宝盛乡继续沿着公路往山里走，去太平镇。又经过几道险峻的峡谷，沿途有大量的石头堆在路旁，路面全破坏了，碎石散落，这些石头都是滑坡流泻下来的。趁着没来余震，迅速穿越危险地段，到了太平镇胜利村的水洞溪组。

位于村口的中学，现在是救灾部队的指挥营地。中学也是汶川地震后恢复重建的，是香港特区政府援建的百多个项目之一。学校教学楼的框架没什么破坏，只是填充墙有破坏，属于可修复使用的。

太平镇镇长韦翰锋说，全镇12500多人，死4人，重伤50多，轻伤500多人。全镇到了600多顶帐篷。今天，从雅安市调来2500顶12平米的帐篷。市里的物资并没有拉到县城，这样不阻塞交通，物资都集中在多营和飞仙关一带，按照市里指挥部部署统一调配，保证一线的需要，随时到位。这也是吸取了汶川地震的经验教训，保障道路通畅，物资随用随运，不浪费，效率高。镇长说，吃喝问题已经解决，帐篷问题逐步好转。前几天道路不通，可着急了。

太平镇震害，Ⅸ度区

4 月 20 日地震后，县城到太平镇的道路断了。他立即从县城往回返，弃车翻山到了镇上，从镇上调推土机推路，12 点时路通了。可是镇上通信全断，无法和县上联系，直到下午 3 点，通过雅安市地震局来到镇上的同志带的电台，报到芦山县，才联系上。

雅安市地震局的纪检组长许执清，20 号 8：02 地震后，11 点多已经翻山越岭到达太平镇。芦山县地震局局长刘全、副局长许望聪、局办主任杨宗敏地震后都尽快到达最危险的极震区了解灾情。

年轻的韦翰锋镇长告诉我，现在需要什么，直接打县指挥部电话，统一配送，比较规范，物资分发不乱，市里统管、省里监督，应急反应能力提升。目前主要工作是安置、转移群众，地质灾害点排查，把群众转移出去。

大家认识到，地震发生之后，在地震现场做好群众工作的顺序是“三生”：先生命，再生活，再生产。

太平镇韦镇长说，地震前，县地震局局长刘全给他打电话，问几个地名，说要准备一个应急演练的方案，假设“太平镇发生 6 级地震”，结果演练还没搞，地震就来了，事情就这么巧。

我们还了解到，2008 年汶川地震发生后，雅安市每年做两次应急演练的检查。今年第一次检查的时段是 4 月 9 ~ 19 日。雅安市应急办在地震前刚检查过芦山县的应急工作。芦山县准备在“防灾减灾日”前夕的 5 月 11 日搞全县的应急演练，正在做方案。

隔震垫

芦山县医院是汶川地震后香港地区的援建项目之一，地震后没有一点破坏。仔细一问，这个项目采用了隔震技术，即在支撑柱子下插入橡胶垫，以减缓地震的冲击力。这是目前我国采用隔震技术的建筑物第一次经受真实地震的检验。这座房子按照Ⅶ度设计，由于加了隔震垫，可以说按照Ⅷ度设防，具备抗御Ⅷ度的能力。

4 月 27 日

早晨 8：02，全体现场工作人员和全省人民一起默哀 3 分钟，哀悼在地震中遇难的同胞。

据基本稳定的统计结果，这次 7.0 级地震造成 196 人死亡、21 人失踪，13484 人受伤，其中重伤 1062 人。地震的最大烈度Ⅸ度，Ⅵ度以上的范围约 18682 平方千米。

受到地震影响的群众约 280 多万人。

关于交通管制

中午 12 点多，送国家救援队，见到副省长侍俊，他也是公安厅长，和他讨论起这次应急行动中的交通管制。

他说，地震后 3 天内最重要的是救人，所以，在震后短时间内最先保证的是两件事，一是打通交通线，保证生命通道畅通；二是救人，其他的都往后排。

因此，20 号地震后，很快实行了交通管制。民用车辆不让进，运物资的车辆安排在名山县境内等候，那里很快就停了 500 多辆载满物资的车。后来，发现重型机械车辆用不上，又碍事，就安排重型车辆从芦山县退出来，这样，交通才好了。通往灾区的就那两条路，所以必须管制。管制后，各乡镇需要什么，市里就统一部署送什么，通畅、高效。

一起到国家救援队营地，送他们回京。

考察雨城区上里镇

上里镇位于雅安雨城区北部山区，这次地震的Ⅷ度区内。

雅安雨城区副区长向建华说，准备把箭杆林村搬迁下山，房子基本倒塌不能居住了。

在七星村，上里镇的书记黄斌表示，现在最关心的是震后重建。汶川地震恢复重建的政策是每户 2 万元。现在这里许多房子是汶川地震后盖的，还贷了款。一般一套 20 万~30 万，现在贷款还没还清，房子先坏了。这村每人的年平均收入 8000 元左右，重新盖房子将很困难，担心村民会因灾返贫。

他的第二个担心是，现在群众住帐篷，修不修板房？如果规划快些定，半年就可以施工完成，那农民宁愿在帐篷里多住些日子，就不修板房了。占地费事。

第三个担心，就是建新房的政策，群众能否担得起？向区长说，安置区要相对集中，这里可以利用古镇风景搞观光休闲。总之，都希望早规划，尽快建。

上里古镇的双仙塔被震歪

2013 年 5 月 17 日

雅安归来

——四川芦山地震应急的几点启示

2013年4月20日8：02，在四川雅安芦山县境内发生7.0级地震。按照地震烈度划分，有明显破坏的Ⅵ度以上地区大约18600多平方千米，其中Ⅸ度极震区约208平方千米，涵盖了芦山县境内的龙门、双石、清仁、宝盛和太平5个乡镇。

自2008年四川汶川8.0级地震之后，各级政府、部门更加重视应对突发灾害事件的准备工作，制定了不同层级的应急预案。概略观察分析这次地震的应对工作，吸取了一些汶川地震应对的经验教训，许多地方有了很大的进步。但是，由于地震后应对工作复杂、多样、面广、急迫，所以还有许多方面需要认真反思总结。

破坏性地震发生后的应急工作，核心点是按照党中央十八大的要求，体现“以人为本”的精神，采取各种迅捷高效的措施，合理安排好各项应急救援行动。震后10余天的应对期是关键时段，涉及面很广，这里仅就其中几个问题做一些介绍和分析，以期对下一步工作和今后的应急准备有所借鉴。

交通管制是应急救援初期的关键措施

地震发生在上午 8：02。当我和同事下午 4 点许从成都双流机场驶上成雅高速公路时，发现当地已经实行了交通管制。离开成都不远的这段路，车并不太多，此时民用车辆和民间救援车辆已禁止在这条高速路上行驶，只有持证的救援专用车可通行。横贯高速路的电子显示牌也打出了保证抗震减灾道路通畅、鼓励大家齐心合力救灾等内容的字幕。

到了雅安，去芦山县的路封闭了，因为在通往芦山的路上，多营到飞仙关一段有巨石挡道，有一辆军车出事故，两名战士牺牲，还有几名受伤。此时，所有车辆只能绕道，经过南边的荥径县，向北经过天全县，再去芦山震中。也就是说，成都、雅安通往芦山县的道路，这段时间只剩下这一条。

尽管此刻很少有民间车辆，都是救灾车辆，但也造成了拥堵。有救护车、消防车、工程抢险车、运送救援队伍的车，公安、运送抢修机械，甚至拉着挖掘、铲车的大型运输车，等等，排成长龙，越走越慢，在双河口附近，车辆终于走不动。这条路并不宽，是县际间的普通公路，只有双向两车道。走走停停，到芦山县城时已经凌晨 2：30，100 多千米的路，走了近 10 个小时。

一路上感受到四川群众对灾区的关切之情，走过街镇时，许多群众在街道两侧看着奔向灾区的车辆，有的家门口挂着块自己写的字牌“注意安全，一路平安”。路旁不时有堆着一些瓶装水、方便面的帐篷，横幅上写着“青龙镇党员救灾服务站”“志愿者服务岗”，等等。观望的人群里也可以看到有人举着“救灾志愿者服务站”的牌子。

路上缓慢前行时，电话也不通了，有好几段失去了联系。当时的一个深刻印象是，抗震救灾的一个关键问题是交通的疏导。试想，震中往往交通不便，短时间内，大批车辆、人员集中到狭窄的地方，极易造成堵塞，影响救灾行动。

2点多进入芦山县城时，县城里已经到处是救灾车辆，军车、发电车、通信车、救护车、消防车以及大批的越野车等，排列整齐，让出马路当中的通道，停放在路两侧和中间。我们感受到这次救援队伍行动之快，集结之迅速，超过以往的历次救援行动。

我们的临时指挥部设在县消防队旁边的一处空地，露天拉着电灯，排开桌子，开了第一次现场指挥部的会议，开始了现场指挥部的工作。

两天后，交通秩序明显好转，措施更加严格。

芦山地震后实施交通管制

芦山县城，位于川西山地，县城所在地芦阳镇，是相对大些的坝子，往南通往外部只有一条路，十几千米到飞仙关。往北通往极震区龙门、宝盛、太平几个乡的路也是一条，“串联”起这几个乡。去双石镇、宝兴县方向，也都是狭窄的县乡公路。大量的救援车辆，首先要去这些极震区去抢险、救人，可见，交通疏导成为多么重要的问题。

芦山地震灾区道路险峻

后来从省、市、县三级有关领导那里了解到，这次的一些果断措施，非常有效，有力保障了救灾行动的科学高效。

四川省副省长、公安厅厅长侍俊负责协调这次应急交通的重大问题。20号地震之后，中午前已经实行了管制，限制社会车辆进入通往雅安的高速路。在雅安经多营去芦山县的这条捷径，一天后“搬”掉滚落的巨石后，成为救命的咽喉要道。

汶川地震时侍俊是阿坝州的州委书记，处理汶川地震积累了经验。他的想法很清晰，地震后的两个关键点，一是交通通畅，二是救人，其他都往后排。由此，大量运送物资的车辆被拦截在名山县境内等候，不许进入芦山县城，只允许带着工具的各种救援队伍进入，因为震后第一要务是救人。再有就是根据实际情况，考虑到通往极重灾区乡镇的道路就那么一条，乡镇村子里没有那么多楼房和大型建筑，所以，大型救援车辆没有盲目进入，而大型车辆是造成拥堵的一个主要原因。由此，限制大型车辆进入极重灾区，进入的陆续撤出。这几个措施的实施，缓解了交通压力，保障了芦山县城进出道路的通畅，从而保证了后面各种救援行动的进行。

在芦山，也曾经和雅安市、芦山县的有关领导谈起此事，都觉着必要，认为省里的果断决策是合适的，社会和群众也是能够理解的。最初 3 天，市、县通行证都不好使，但确实很快改善了交通秩序。

这次地震在交通管制方面的经验教训是，管制是必须的，时间还应该再提前些，应该在震后立即实施。造成初期拥堵的原因是地震后两三小时内，已经有各种车辆奔赴灾区，其心善哉，可是无序、盲目的进入给交通带来很大麻烦。第二条是经验，进入灾区要有顺序，在保证交通通畅的前提下，先救人，再顾及生活。运物资的让道给救人的。当地的灾情不需要太多重型机械和车辆，就要限制。

芦山地震再次告诫我们，保证交通畅通至关重要。

搜救不留死角，不放弃一丝希望

一次破坏性地震之后，首先是搜救被压埋的人员。经过国内外多次地震的情况统计，强烈地震之后，70% 的压埋人员是通过自救逃生的，20% 左右是由周边人员互救脱身，大约 10% 左右被压埋较深，需要专业救援才行。

这次地震，虽然在强烈地震中算低的，但也造成较大面积的破坏，Ⅷ度以上地区近 2000 平方千米，在此范围内都有可能造成人员的伤亡。地震后，由震级估算和灾害预估，死亡人数至少在百人以上，根据预案，救援人员迅速奔赴灾区实施救援。

芦山双石镇震害

这次地震的极震区主要在芦山县的 5 个

部队进村排查

乡镇，几十个村子。而乡镇的大型建筑较少，坍塌的楼房不多，倒塌的主要是老旧房屋，所以大型的废墟不多。

陆续到达震区直接参加救援的各行各业的专业、业余的队伍，到 25 日时还保留着一万多人的规模。雅安市副市长廖磊、芦山县范书记以及国家救援队的尹光辉领队等一起研究时，除已知失踪 24 人外，常驻人口全摸排清楚了。只是流动人口、旅游人员、志愿者的情况不明。

这种情况下，搜救人员继续入村进户，仔细搜索，拉网摸排，对各处坍塌废墟做检查，不留一处死角。

地震 3 天后，包括国家救援队在内的部队、地方搜救人员继续排查。此时，基本已经没有新的伤员救出，统计的死亡人数也逐渐趋于稳定，稳定在 190 人左右。但按照指令仍然继续排查，为什么呢？

一般人在压埋状态下可存活的时间是 7 天，为了不放弃任何一丝希望，所以救援行动要持续 7 天以上。一方面，部队在村镇巡查，仔细搜索，同时帮助受灾群众整理废墟、找一些存折、贵重物品、粮食，帮助搭帐篷，安置群众等；另一个很重要的方面，就是稳定社会，稳定人心。受灾之后，群众看到解放军在这里，就会感受到政府的关心和救助，心里是踏实的。从国务院到省、市、县政府，统一政令，地震后坚持搜救排查7天。虽然这次地震的规模远不能和2008年汶川8.0级地震比，但也属于强烈地震之列，依然将搜救行动持续了一周。到4月27日8：02，全省举行了哀悼仪式，为在地震中遇难的同胞默哀3分钟。同时，也将地震后的应对工作重点由救援行动转为安置群众阶段。

后来，我们在现场概括了几点。在破坏性地震发生后，应急工作对策的顺序是“三生”，即先生命，再生活，再生产。救援阶段，也就是抢救生命的阶段，是震后工作的第一阶段。

这次地震的搜救工作，高度体现了“以人为本”原则，不放弃任何救人的机会，即使是基本查清、筛查多遍的情况下，仍然坚持搜救，直到生命能维持的极限时间之后才结束。

志愿者参与救灾的喜与忧

地震发生后，有许多志愿者立即驱车前往灾区，参加抗震救灾行动，发挥了很好的作用。但在灾区考察和与村镇干部交谈后，发觉这里也是有喜有忧。

先说喜。志愿者活跃在灾区各个地方，或者参加救援，或者做慈善发放救援物资。这些救援物资丰富多样，弥补了政府发放救济应急物资的不足，特别是时间上、范围上、物品的多样化上，都是政府发放所不好比较的。

4月22日，我们在龙门乡古城村月光三组遇到在这个村子蹲点的县工作组的同志，他们分别来自县森林公安、农业局等部门，他们在地震后下来负责协调这个村的抗震救灾工作。现在政府发放救灾物资，主要是方便面、水等食品。他们说，政府组织发放食品，只是保

芦山县龙门乡古城村月光三组的群众在领取药品

证基本生活需要的，但是在灾区，不时有私人或企业的救灾物资发放车辆经过，凭感觉和印象临时停车，给围上来的群众发物品。有利的地方是，这些自由发放救灾物品的集体和个人，一般是看到灾情比较重和人比较多的地方停下来，临时发救灾物资，发一些，再继续走，可以弥补一些政府救济发放的不足。但是，这种随意的发放有的时候不平衡，群众有的拿到了有的拿不到，这样有些受灾群众指责政府发得太少、太一般，不知道政府发的救济物资只是基本的生活需要。

所以，震后最初几天，乡镇村干部的一项很重要的工作是协调群众与村外的上级政府、发放物资的志愿者、企业之间的关系。政府发救济没问题，搞慈善的来了随意发放最不好办。

芦山地震后，路旁自发送饭的群众

三天后，由于交通管制，许多志愿者进不了灾区，发放物资逐渐统一管理，秩序就好多了。另外，参加救援的志愿者们在第一时间来到灾区，许多人不具备技能，也没有合适的工具，只有热情和勇气，这样没能发挥出最好的作用，反而增加了交通的拥堵。

这是忧。

这次地震也提出了如何更好地引导志愿者参加救援行动、参加物资发放工作的问题。政府既要吸纳、接受、发挥志愿者的积极作用，又要尽量做到组织协调有序，使其作为政府救援、扶助行动的有力补充，真正做到帮忙而不添乱。

一是发放物资方面，还是要允许志愿者个人或企业集体到灾区直接发放救济物资，但最好和乡镇或村委会联系，协调指导发放，以做到适量和平衡。比如，在宝盛乡的玉溪村就是这样，村里有 20 来个临时居住点，志愿者发放物品时，尽量做到每个点都走到。

二是地震发生后，可能会很快实行交通管制，许多志愿者难以自由进入灾区。此时，应该建立备案报告机制，交通管理部门会根据需要适当放行。这个事情希望引起政府部门的重视。在灾区实行交管后，要有个部门牵头，登记志愿者信息，和交通部门联系适度放行等问题。

救援统一协调指挥的重要性

地震救援安置的初期行动，还有一条很好的经验，就是救援物资的统一调配。

这次和汶川地震的情况有所不同。汶川地震涉及的范围广、人多，灾害覆盖面积特别大，这三点都是无法比的。这次地震的救援特点有什么呢？一是极重灾区主要在乡镇农村；二是到达这些村镇的道路交通只有一两条，而且都是县乡级公路；三是地震后物资供应充沛，车辆都集结在芦山县境外的名山县，有时多达 500 辆。

在最初几天，来自民间的志愿者按照汶川地震时的做法，第一时间到达灾区，发放物资给受灾群众，起到了很好的补充作用，但时间长了，不利于平衡与协调。3 天后，逐步规范，根据这次地震的上述三个特点，采取了统一协调配置的方式。我到太平镇时，韦镇长告诉我，所有安置情况由乡镇组织协调。需要什么，就给县里打电话，县指挥部会按照人数和乡镇提出的需求来派送，而县指挥部的调用物资车辆都停在名山县待命，需要时就开进来送货。省指挥部保证交通通畅，保证物流供给，县里统筹全县信息，乡镇直接提出需求，救灾秩序很快地形成了。志愿者自行供应救灾物品也得到引导和调控。所以，几天后，各村的帐篷陆续到位，基本能

芦山地震现场指挥部

满足需要了，分发的瓶装水也避免了浪费。汶川地震时由于大量方便面、矿泉水的无序发放，在有的地方造成很大浪费。这次的统一调配物资模式，避免了大量浪费。这应该成为芦山地震的一条很好的经验，即在确保交通通畅的前提下，统一采取物流模式配置救灾物资，统一指挥协调，避免多头管理。

实际上此次灾后临时安置的时间很短。随着搜救工作持续进行，安置阶段还未全面展开时，一些乡镇的临时安置已经基本就绪了。

这次还有一个科学救灾的情况，就是除了和救灾有直接关系的国务院，省、市领导，以及相关部门的领导之外，其他领导都不以慰问、考察等名义到灾区来，从而为抗震救灾提供宝贵的交通资源和人力资源，专心投入救灾行动中去。这是非常好的、非常科学的。大家都在以各种不同的形式来关注和支持着救灾行动，而不是一定要到现场才行。

必须注意保证通信畅通

地震发生后，芦山县通往宝兴县的路断了，通信也中断了，情况不明。这使得救灾行动多了几分忧虑。待芦山县境内的重灾区情况基本清楚时，唯宝兴县还是不清楚。一些救援人员徒步翻山到达灵官镇，进入宝兴县城。救援队派遣直升飞机运送伤员和投送物品。后来发现宝兴县并不是Ⅸ度极震区，但通信中断使得信息不灵通，导致救援队伍调配受到影响。宝兴县此时怎么就找不到任何一种沟通联络的方式呢？

芦山县太平镇位于芦山县北部，从县城去太平镇只有一条路，要经过龙门乡、宝盛乡才能到达，途中要经过几处比较险峻的峡谷。地震后，这条路到处是滚石滑坡，中断了。太平镇的韦镇长从太平镇派推土机回过头来清理碎石，才把道路打通。他对我说，实际上中午这条路已经打通了，当时镇上通信全断，所以县里还不知道路通了。下午 3 点，他是用雅安市地震局带来的电台，才联系上县指挥部。

这就提醒我们，从应对突发事件出发，虽然县级政府都有了应急预案，但一些设备准备还不到位，其中应急通信是非常重要的。尤其是像这些地理地貌复杂的地

地震后芦山县内这样的道路路况很多

区，山大沟深，交通不便，发生事情要能够及时和上级、外界联系。一定要有备用的措施。这是经验也是教训。

救援队伍的组织和条件保障

4月20日地震发生之后，救援大军迅速集结。当天，在县城已经集中了万人以上的救援力量。这和历次大地震救援速度相比较是相当快的，尤其是几乎全集中到了一个县，道路条件还不好，就那么一条路。

这样的集结，在应急时期过后，仍然需要回顾一下应注意的问题。我们发现，条件保障极大滞后，考虑得不够周全，最重要的一点是厕所问题。

几万人露宿在县城，而县城的楼房大都成为危房，余震频频，房屋里不能住人，所有救援人员都是在空地、马路、草坪各自安营扎寨，上厕所成为大问题。

救援队伍都考虑了吃喝，有方便食品，有矿泉水，这能够抵挡几天，可是如厕问题被忽视了。两天后环境已成为问题。

21日晚，国务院副总理汪洋召开基层同志座谈会，听取对抗震救灾的意见建议时，也有人提到这个事。后来民政部当场表示把成都的帆布围挡临时厕所尽数调来。几天后，陆续调运一些临时厕所，再建一批临时厕所，开放一些楼房里的厕所，才凑合基本满足需求。

这也是一条经验。救援队伍来自四面八方。军队成建制地参加救援，有丰富的野战经验，后勤保障不是问题。主要是来自地方的各种救援力量，其后勤保障很差，又没有专门协调的综合部门考虑这个事，小事成为大事。这又不是真正的野外行军打仗，县城作为一个营地集中的地方，如厕问题小事不小。

芦山县城的国家救援队基地

在县城，还有许多到灾区的服务队伍，都是搭建临时帐篷，有银行、信用社、保险、医疗、物资发放、公安、防疫等，还有大量的志愿者服务站。这些救援队伍一般要坚持工作10天到两周左右，也需要一定的后勤服务。而这方面容易被忽视。

在救援队伍出动时，有条件的应该准备流动厕所。在当地政府的指导帮助下，为救援人员准备营地时，一并考虑临时厕所的搭建，这是非常必要的。

农村自建房急需指导和管理

在极震区考察时发现，农村自建房明显地缺乏指导和管理，存在大量的问题隐患。特别是山区群众，抗震意识很弱，建房时只是以美观省钱为原则，房屋在地震中受损严重，教训深刻。

在有的村子里可以看到明显的对比。比如在宝盛乡的玉溪村，比邻的三种房子，在地震中的遭遇完全不同。一种是不抗震的，没有柱子，只是二四砖墙，上面盖二层，还探出去很大一块，我们称之为“猴儿顶灯”，这样的房子在地震Ⅷ度以上地区百分百被破坏了。而旁边同样的房子，仅加了构造柱、圈梁，地震中结构无损，只是填充墙有大裂缝，但可以修复。三是川西风格的穿斗木结构的老房，像芦山县太平镇的百年老街、像雅安雨城区的上里古镇，等等。这种房子颇具抗震能力。地震时整体结构晃而不散，虽然梭瓦很严重，但结构安稳。当地群众看了之后，也恍然大悟。他们讲，建房时想的就是怎么能省点钱。

川西地区，起码我们走到的芦山、天全、名山、宝兴等县，这种无构造柱的、二层的、头大底小的房屋不在少数。

这让我们看到，虽然“农村抗震安居工程”搞了多年，但所涉及的范围、深入的程度还远远不够。农村居民的抗震意识还很薄弱。这里其实距离2008年汶川地震的震中不过几十千米。汶川地震后这里也属于恢复重建的重点地区，但大量民房加固、修缮或重建时还没有引起足够的注意，说明防震减灾的宣传和管理，在偏远地区和基层还有大量的盲点和弱点，必须引起高度重视。尤其在地震活跃的地区，更要抓紧对农民自建房的检查、监督、指导和管理。对工匠做培训，提供合适的施工图纸，充分发挥乡镇在指导管理农民建设抗震房过程中的作用。

芦山宝盛乡玉溪村“猴儿顶灯”房

雅安上里古镇的木结构房屋基本完好

在芦山县城，许多是汶川地震后恢复重建的新楼也被损毁了。这里要认真总结设计的合理性。芦山县医院是汶川地震后香港援建的百多个项目中的一个，在这批项目中采取隔震技术的不多，大概十几个，而县医院是其中之一。经历这次地震的

检验，县医院基本无损，远胜于附近的其他建筑，这也是采用隔震技术的楼房经受地震实时考验的第一例，为在国内推广这项技术，起了很好的宣传和促进作用。

防震减灾教育必不可少

这次地震，显示了学校开展防震减灾教育和训练的重要作用。

例如雅安市田家炳中学，是雅安最好的学校，只有高中。地震时 700 多名学生有序疏散，没有受伤的，只有几个崴了脚，地震后迅速按照平时演练的路线到操场躲避。这个区有 7 所防震减灾示范学校，这所学校并不是，但平时经常演练。校长万松均介绍说，平时课间操时就搞疏散演练，学生们对疏散都比较熟悉了。

汶川地震之后，国务院组织的全国范围内中小学“校舍地震安全工程”，历时 3 年，基本完成，全国的中小学校全部排查了一遍，或加固，或重建，达到当地的抗震设防标准。这项措施，特别在地震多发地区发挥了很好的作用。这次地震中遇难的十几名学生，没有一人在学校里。

防震减灾教育和训练，在大学里重视不够。位于雅安的四川农业大学，在地震时有 400 余人受伤，其中 12 人重伤，重伤中有 5 人是跳楼造成的。和中小学相比，大学的防灾教育就显得薄弱，遇到地震，中小学生疏散有序，受伤很少，大学生惊慌失措，受伤的人就多。

学校属于人群密集场所，应当高度重视疏散演练等防灾措施，养成习惯。中小学应该像田家炳中学和许多位于四川、云南地区的学校那样，注重平时的常规演练。多次地震都表明，大学是防震减灾的薄弱环节，应该引起各级政府和教育部门足够的重视。

安置和恢复重建之实事求是

一次破坏性地震之后的应急救援和恢复重建处置，一般分 4 个阶段。第一是救人阶段，第二是临时安置阶段，第三是过渡安置阶段，第四是恢复重建阶段。

救人阶段大致需要 5～7 天。地震之后，一边救人一边就开始临时安置了。此时，帐篷是最需要的。这次地震，所需的物资有着充分的储备供应，而且统一调配，不挤不乱不浪费。

关键是后面的过渡安置和恢复重建，需要选择因地制宜的合适方案，要多听取当地群众和基层干部的意见。其实，应该贯彻的一个原则就是“实事求是”，“因地制宜”。一定要吸取汶川地震恢复重建时的一些教训。

搭建板房作为过渡性安置，虽然是一种选择，但一定要慎重。一是板房需要占地，而山区可用于搭建板房的地很有限；二是浪费大量材料，将来拆除也很费劲。当地群众有的在讲，如果重建规划快些做，我们宁可在帐篷里多住些日子，坚持一下，直接建新房得了。其次，也有人建议，因地制宜充分发挥受灾群众的积极性。比如，能否发给每户一些木材、油毡等材料，可以在自己家附近就近搭建临时过渡住房，同时筹备恢复重建，而这些材料是不回收的，得到材料的群众可以根据自己的需要使用，又不影响环境。有条件的建一些具有川西特色的木制结构的穿斗卯榫的房子，既抗震又有地方文化特色。政府在重建补贴中可以鼓励建这样的房子。

建设一般民居时，乡镇要审核把关。吸取汶川和这次地震的教训，房屋一定要有构造柱、圈梁，摒弃二层探出的设计习惯。只要认真去做，监管到位，就可做到使农村民居具备抗震的性能。

四川大学和香港大学合作，成立了“灾害与恢复重建”学院。在芦山县，该学院的新任院长顾教授对我说，他提出个恢复重建的新建议。汶川地震后，国家采取的是18省市对口援助的方式；2010年青海玉树7.1级地震后的重建，采取的是北京市和大企业援助的模式；这次芦山7.0级地震，他建议采取四川省内、汶川地震受灾最严重、恢复重建最有经验的几个县，对口雅安受灾的几个县重建的模式，费用由中央和省政府出，他们根据以往的经验教训，指导和帮助受援县。省、市政府还是希望能够有对口援建的措施。恢复重建的经验固然可贵，教训更加应该珍惜和吸取。

从雅安芦山地震现场回到北京后，结合对这次地震应急工作以及地震现场考察工作的分析思考，形成了以上的初步想法和建议，记录在此，以期对今后地震现场应急、科学施救，对农村的抗震设防指导和管理，对防震减灾工作的深入开展有所促进。

2013年5月5日

岷县手记

——甘肃岷县漳县 6.6 级地震现场的印象和思考

2013 年 7 月 22 日早晨 7：45，在甘肃定西岷县漳县交界处，发生一次 6.6 级的地震。地震发生在岷山北部山区，当地人口密度较大，造成 95 人死亡、2000 多人受伤，直接经济损失超过 150 亿元。从地震现场回到北京后多日，在岷县参加救灾的许多场景仍然历历在目。这个地区是我国最贫困的地区之一，自然灾害很多，这场地震对于定西地区来讲，无异于雪上加霜。不过，各级政府已经行动起来，一面安置好群众生活，一面开始做重建规划，而且和扶贫脱困、新农村建设结合起来综合考虑。根据一些记录和当时的印象，结合地震灾害防御、地震应急工作，结合脱贫解困与新农村建设，写下一些印象和思考，称为 7 月的岷县手记。

地质环境差，地震灾害重

这次地震的极震区最高烈度为Ⅷ度，面积700平方千米左右，这个范围内有岷县和漳县的几个乡镇，几十个村子。这些村子基本都在山里，山脚、山坡和山顶。

山西、陕西一带属于黄土高原的东缘，有较多的高坡、峁、塬等地形地貌。而这次地震所在的岷县漳县等地，属于甘肃东南部的岷山北端地区，海拔多在2000～4000米之间，是真正的高山而不是高坡了，但也有厚厚的黄土覆盖。这里覆盖的黄土层厚达百米以上。由于黄土层的节理不同，山西、陕西的土质适合打窑洞，这里的黄土地貌不适合打窑洞，所以这一带山区的农民群众主要住的是土坯房。

这次地震的Ⅵ度以上范围达到了1.6万多平方千米，比一般同等级别地震的破坏面积要大，震害也更严重。极震区的土坯房几乎全部倒塌或严重损毁，完全不能使用了。除了因为房屋本身的质量与抗震性能差以外，另一个重要原因是，厚厚的黄土覆盖层对地震能量有放大的作用。另外，山上和山下的震害有很大差别。位于山上、山腰的村子比山下的村子震害要严重得多，垂直高差百米的村子受到的地震破坏能够相差Ⅰ度。

由于山间的平地稀缺，许多房子就盖在土坡旁、沟川里、山腰上，而这些地方都是不适合盖房居住的。甘肃省建设厅的条例里就有，房屋要建在边坡高度5倍以上远的地方，实际上连一两倍都没有。我们也看到在极震区岷县的梅川镇、禾驮乡等乡，到哪儿去找那么多的平地？有点儿平地就不错了。但坡下、沟旁、

山区缺平地，房子盖得距离边坡太近，地震时容易损坏

山腰正是地震时破坏很重的地方。我们看到，村子里的土坡陡坎旁的土坯房屋尽数倒塌，一些砖坯混合的房屋的后墙被垮塌的陡坡砸毁。

马家沟，房子距离边坡太近，地震时垮坡砸坏后墙

在梅川镇永光村，由于房基地不够用，遂开辟了村后山腰的一处坡沟，陆续有9户人家在这里居住。这个位置在这次地震中形成巨大的滑坡，上万方泥石流顺沟泻下，将6户掩埋，有13人遇难。甘肃武警救援中队在这里搜救，直到找到全部失踪者的遗体。

在甘肃东南部的山区，存在着大量的地质灾害隐患，仅岷县一个县，发现的地质灾害点就有90多个。许多村庄现在还在受着地质灾害的威胁。比如，我们在宕昌县哈达铺村的大舍沟村看到，村子背后的山上就是个很大的滑坡体。所谓滑坡体，

土坡陡坎，极容易滑坡

就是山上这一大块有松动的痕迹，随时有垮塌滑落的可能。村民在地矿厅指导下，在山上安装了警报器，土层若有移位，仪器会自动报警，山腰还安排一个人搭帐篷值班，有情况用喇叭报警，通知村民及时躲避。由于避险地方太少，平时村民还是在家里住。

粗略地看当地山区村子的选址，大都是容易受到地震、泥石流破坏的地方，因为山区能盖房的地方实在太少。但尽管如此，当地群众建房选址还是有些选择余地的，这说明选址时没有注意躲避危险，或者不太了解如何避让容易受地震影响的地点。

这次地震有三个特点，一是黄土的放大作用，山上的房子明显比川里的房子破坏大；二是房子选址不对，在边坡下，太近了；三是结构不合理，房子不抗震，许多新房都是前面木架柱子，前墙用砖，山墙和后墙都是土坯的。

家园被损毁，老人很担忧

当地农民房屋的特点

在地震灾区，村子里的农民以土坯房为主，这些土坯房是根本不抗震的。土坯房之间也有区别。当地往往是用黄土就地取材，和泥脱坯，再用土坯当作砖来砌墙，用来黏合土坯的是掺些稻草的泥水。屋顶用了些木料，土坯墙外面涂上白灰，看上去白白亮亮的，也挺好看，可是这样的房子一点抗震能力也没有。甭说6级多，就是有个4级地震，这样的房屋也得倒。还有的土房子是“干打垒”式的，先用木板围起，灌入黄土、夯实，形成土墙。这样的土墙很结实，比土坯墙抗震，虽然也倒塌了，但比土坯墙好些、整齐些。

永星村震害

不是当地群众不愿意盖抗震房，只是因为太穷。有的村民有了些积蓄，也会把房子建得好些，就是当地山区特色的一种房屋结构，叫砖坯房。

砖坯房在当地农村新建房屋时很普遍，一般都当作正房，厢房还舍不得盖这种房。如果是3间，那么前脸有木结构的廊子，有4根木支柱，房屋的前脸是砖砌的，好看，结实，可是两侧的山墙和房屋的后墙还是土坯墙。在烈度Ⅷ度的震区，我们看到几乎所有此类房屋都遭到破坏，只是程度不同而已。这样的房子看着太可惜了，花钱不少，可根本不具备抗震性能，说明当地群众建房的抗震意识太缺乏了。这类房屋的震害特征，无一例外的都是从砖墙与土坯的结合部分断开、倾倒或损毁，砖墙站立着，土坯墙震塌了。还有许多房子是由于距离土坡土坎太近，地震致使土坡坍塌砸毁了房屋的土坯墙。

地震后，土坯墙和砖墙脱离

地震时马家沟土坯房和旧房子倒塌严重，而新建的砖混房子完好，因为有构造柱和圈梁

村子里也有一些相对富裕的人家，盖起了砖混结构的房子，房子大都完好无损，仅个别有些裂缝，和土坯房、砖坯房形成了鲜明的对比，说明抗Ⅷ度地震没有问题。特别是有的砖混新房就盖在自家旧房的旁边，新房住上，旧房未拆。新旧对比，水火两重天，这边完好无损，那边墙倒屋塌，土坯老房情有可原，那些盖了不久的砖坯新房损毁严重，让房主很后悔、很受伤。为什么不添点钱盖砖混房，而盖砖坯房？只因脑子里没有想到地震这回事，从未想到可能会受到地震的影响，没有想到大地还会动弹。

科学救灾的成功尝试

这次地震的应急行动，政府组织得相当成功。

近几年，各级政府都更加重视“应急管理”或“突发事件管理”。像地震这样的突发自然灾害，各级政府和部门都有了预案。在近几年的一些地震事件中，也积累了一些应对的经验。这次 6.6 级地震的应急反应，充分吸收了以往经验，做到了科学救灾。

首先是信息先导。地震后，中国地震局及所属部门提供了地震损失和伤亡人数的预估。根据相应信息，国务院派出救灾工作组到甘肃地震现场，甘肃省委、省政府主要领导当天中午赶到极震区。地震局继而提供强震仪测定的震感范围分布图，指导救灾行动，救灾部队当天数千人赶到灾区。测绘、中科院、气象等部门迅速提供遥感、卫星等资料，指导救灾。

其次，从领导体系上，也体现了科学、有序救灾。中央、国务院领导对救灾做了重要批示，但并未到现场，而是第一时间派工作组赴岷县灾区指导协调工作，因为此时最需要的是具体指挥协调救灾。甘肃省委、省政府派一名分管应急的副省长到岷县任前线总指挥，两名主要领导到极震区了解最重灾情后，立即返回兰州组织救灾指挥。这样的部署，显得有序而高效。第一时间，没有更多的领导视察、没有无关的领导慰问，不用地方领导陪同，现场忙碌的都是直接和救灾有关的工作人员。

在极震区很快实行了交通管制，对于救灾物资的发放，充分发挥行政组织体系的作用。由于统计及时，伤亡人员和失踪人员在 2 天内全部摸排清楚。地震部门的现场工作队，3 天内完成了此次地震的烈度分析调查，为灾害评估提供了依据。省、

设在哈达铺牛家村的医疗点

市、县政府开始组织受灾群众的临时安置工作。很快地，这次地震应急从抢险救援阶段转入临时安置阶段，同时，准备受灾群众的过渡安置方案。

纵观这次地震应急，如同甘肃省委、省政府总结的那样：“有力、有序、有效”。正是由于组织得比较科学、严密，虽然出现了个别情况，如个别村子救灾物资没到位、道路没及时修通群众着急，等等，都随着干部入村到户，很快得到解决，整体救灾和安置工作比较平稳。

由此可见，科学应对地震等突发事件，应按照预案要求做，领导不是事必躬亲，而是分级分层，各司其职，效率更高。同时注意及时做好信息指导、抢险救援、物资发放、交通疏导、志愿者管理、临时安置、政策到位等措施，相互协调配合，使得地震灾害应急做得有条不紊，以科学的救灾行动尽可能地减轻损失。

救灾安置的体制优势

地震之后，抢险救人是第一位的，接着就是尽快地临时安置好受灾群众。极震区房屋损毁严重，所以政府要尽快发放一些紧急救灾物资。整个过程是通过行政组织体系来完成的。救灾物资的发放，能充分看出我们组织体系在应急时的优越性，而所有救灾物资，包括志愿者、慈善家送的物资，都集中在县、乡两级指挥部。

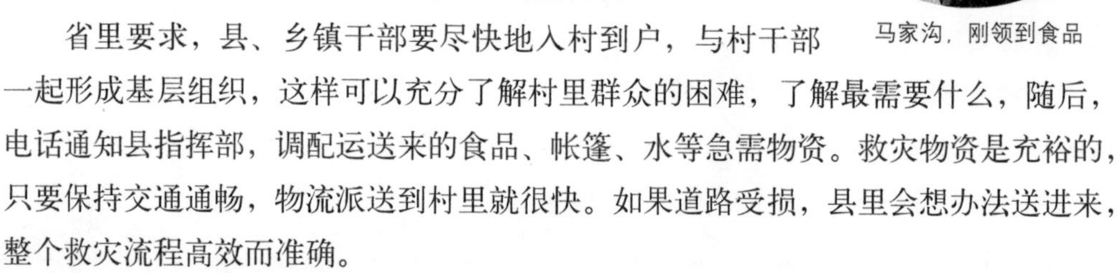

马家沟，刚领到食品

省里要求，县、乡镇干部要尽快地入村到户，与村干部一起形成基层组织，这样可以充分了解村里群众的困难，了解最需要什么，随后，电话通知县指挥部，调配运送来的食品、帐篷、水等急需物资。救灾物资是充裕的，只要保持交通通畅，物流派送到村里就很快。如果道路受损，县里会想办法送进来，整个救灾流程高效而准确。

贫困地区和地震恢复重建

受这次地震影响，Ⅶ度以上的地区大部分在甘肃定西市。定西是我国 18 个贫困地区中最困难的地区，极震区的岷县、漳县等几个县，都是国家级贫困县。

要说风景，这里的景色真是美。特别是沿盘山公路绕山盘旋时，看到两侧漫山遍野的层层梯田和大片的野花。此时这里的麦子刚刚收割，蚕豆、土豆还都是一片片的青绿色，远看梯田黄绿相间，就像天然的地毯。

震后，青山依旧在

可是，深入到山区村里，就能看出这里的穷困。岷县44万人口，地少人多，只有65万亩地，还都是坡地、山地，一条条、一块块的，虽然看着像大地艺术似地好看，但耕种困难。对农民来说，这是非常宝贵的耕地。当地年轻人大多出去打工，留下老人、妇女、孩子看家、种地。

这地方十年九灾。平时干旱缺水，吃水要用水窖积攒雨水，偶尔下雨，便成洪涝。雨大还造成泥石流、滑坡、崩塌。地质上，这里属于岷山的北端，岷山本身是“强烈隆生的褶皱山地”，地质条件复杂，是地震、地质灾害的高危险地区。走在岷县乡镇和村子之间的路上，车子驶过，黄土腾起，真是旱天一身土、雨天一路泥。

梅川镇马家沟三社张景林家，土坯墙和门楼被损毁

这里的贫困主要是因为自然条件太差。山区的村子大都在半山腰，住着许多农民群众，梯级形成几处稍微集中点儿的平地，每处都不大，

新旧房子的对比，抗震与不抗震

新盖的小楼是框架结构，地震时框架没有问题

说是村子又够不上，就叫某村的“社”，如“永星村三社”等。解放几十年了，村子之间修了路，但只是土路，很窄，许多地方错不了车，需要退到拐弯处避让。

为什么说这里是我国最贫困的地区呢？首先，定西地区一直是我国最穷的“两西”之一。两西—— 一个是宁夏的“西海固”地区，另一个就是定西地区。两西的特征都是干旱，定西再加上多灾。据民政部门统计，当地年均收入有的才 2000 多元。

今年 3 月，习近平同志曾来定西考察，在临洮县座谈时他表示，小康社会目标能否实现，关键是农村，农村的关键是扶贫，这是短板，一定要加快这些地区脱贫的步伐。汪洋同志负责扶贫工作，他曾经说，扶贫的一个关键是异地搬迁。据临洮的石书记讲，2017 年前定西市要完成 27 万人的搬迁任务。所以，山上不适合居住的村民搬下山来，或者异地搬迁，是解决贫困的一条现实的路子，这需要政府做大量的工作，目前正在有计划地进行。

这次地震，从震级上说属于“重大地震”。甘肃省人民政府要在国家的支持下，编制恢复重建规划。地震造成破坏，应该说是坏事，可是借着地震灾后恢复重建的机会，可以和当地的扶贫脱困工程结合起来，和当地的新农村建设结合起来，和当地的农村地震安居工程结合起来，把各路资金统筹使用，不仅挽回地震造成的损失，而且盖房就盖抗震房，脱贫致富奔小康。

在岷县、临洮、宕昌等地和当地的同志谈扶贫，发觉想法和措施是多种的。比如，本着群众自愿的原则，一部分人可以在全省统筹安排下异地搬迁，大部分群众还是可能就地搬迁。所谓就地搬迁，是指山上村子的群众搬到山下来，在山下寻找可以建房的地点，或者在靠近公路的地方，建设新村。首先把鳏寡孤独搬下山来，那些条件较好些的群众可以先不搬。搬下山的群众，其山上的梯田仍然归他使用、耕种。这个地区是著名的中药产地，盛产当归、党参、黄芪等药材，现在山上的梯田大都已种上了药材。这些药材的经济价值比粮食高多了，但地少人多，人均一亩地，所以收入也上不去。

极震区的土坯房子基本都倒塌了，我相信，凡是再建房子的群众，谁也不会再建土坯房了。这些房子有的解放前就有，几十年从没拆过，也说明这里贫穷的状况。我把倒塌的土坯房照片发给曾经插过队当过知青的亲戚，他说，怎么几十年了，还是这样儿啊，没什么变化啊。我说，这就是贫困地区的现状啊。

宕昌县哈达铺牛家村，抗震新房安然无恙

当地干部算了笔账，每户倒塌房屋的群众，国家会补助恢复重建款 2 万，如果再通过省市县扶贫搬迁、新农村建设、农村地震安居工程等项目补贴一部分，银行贷些，自己掏点，花七八万可以盖起砖混或砖瓦的抗震房，彻底告别土坯房。在地震恢复重建规划的促进下，使岷县和附近的几个重灾县加快脱贫致富步伐，小步快跑奔向小康。

我们期盼着岷县、漳县和定西地区能够尽早脱贫致富，从而带动其他贫困地区加快发展，促进我国小康目标的实现。地震毁了我们的家园，但发挥我们制度的优越性，在我国各级政府的帮助支持下，做好规划、恢复重建，反而是一个加快建设的良好契机。

希望灾区抓住机遇，全面统筹考虑，带领当地群众摆脱贫困，走向富裕。

2013 年 8 月 6 日

岷县救灾

——关注甘肃岷县漳县6.6级地震应急工作的经验

2013年7月22日上午7：45，在甘肃定西市岷县漳县交界处，发生6.6级地震。这次地震的震中位于甘肃东南部山区，震源深度20千米，最高烈度为Ⅷ度，Ⅵ度区以上面积达1.6万多平方千米，涉及甘肃省5个市州13个县，地震造成95人死亡、2414人受伤。

根据现场调查，极震区主要涉及岷县梅川镇、禾驮乡等5个乡镇，其中的永星、永光、马家沟、拉路等几个村子破坏最为严重，土木结构房屋倒塌和严重破坏率超过了90%。

这次地震有几个特点。一是震级较高，余震频繁。震后10天，余震已达千余次，形成灾害叠加。二是地震波及范围较广，受灾人口数量较大。由于较厚的黄土覆盖层对地震破坏强度的放大作用、震区人口相对密集以及房屋抗震设防薄弱等原因，造成超过百万人受灾，Ⅵ度及以上地区的总面积比同等震级的地震较大。三是地质、气象条件差，次生灾害严重，滑坡、崩塌较多。四是农村的房屋、道路损毁很严重，特别是当地的土坯房，基本全都倒塌了。五是当地属于贫困地区，群众自救重建能力比较弱。

但是，这次地震的应急反应吸取了以往一些地震现场工作的经验教训，在几个方面做得比较好，社会舆论也给予了较好评价，主要的特征是：科学施救，组织有序。

一是组织管理协调有序

地震发生后，中国地震局和民政部等部委分别启动应急响应预案。国务院及时派出由有关部委组成的救灾工作组，到现场协助甘肃省委、省政府抗震救灾。国家领导同志下达了救灾的指示，并不先到现场，而是根据灾情，由负责具体工作的协调组赴现场开展工作。

整个救灾行动的管理组织是由甘肃省委、省政府负责的。国家部委工作组协助省指挥部工作，现场协调跨省市的工作任务，现场解决急迫的问题。

甘肃省一级的应急工作也是如此。由分管应急工作的副省长冉万祥在地震现场任指挥长。书记王三运和省长刘伟平到现场考察灾情，两天后返回兰州，其他省级领导都在各自岗位坚守，不去现场。5 天后，由分管民政的副省长王玺玉到现场，接替冉万祥副省长任指挥长，组织安置工作。这样，现场的指挥就很有秩序。当地同志无需陪同上级领导，而是在现场的指挥部成员各司其职，指挥抗震救灾。甘肃省各委办局都有负责人在现场，负

马家沟，废墟中的新房。看看新建的房子，只因为按照抗震要求设计，采用砖混结构，地震时未受损毁

房子倒了，门面不倒

责协调各自管理范围内的工作。仅此一条，就减少了道路拥堵，此时，救灾行动真正需要的是起到指挥作用的人，救援人员、物资运送、交通疏导，等等。

这是此次地震应急工作中重要的一条经验和收获。从国务院到省政府，强调的是科学、有效、有序的应急反应。这是一次实际的考验。根据不同性质、规模的自然灾害，分级启动应急预案，派遣相应的管理和协调人员开展应急指挥工作，做到有责、有位、有效。

由于省地震部门成为信息集中点，省指挥部设在省地震局的指挥中心，不仅可以及时得到地震灾区的各种信息，而且每天以视频会议方式进行沟通、协调、指挥。

二是重要信息收集全面、准确、及时

面对突发的自然灾害，首先要信息准确、及时，这是救灾决策所需要的。近年来，中国地震局等部门在这方面加大工作力度，有一些成果不断应用于应急工作。

地震发生之后，中国地震局的专家很快做出灾害损失的预评估，做出由强震仪判定的地震影响范围分布图，报告上级并迅速提供给解放军和武警部队。正是根据这些信息，国务院即刻派出工作组赶赴现场，部队就近用兵，迅速在极震区展开搜索救援。

甘肃省地震局震后及时向省政府提出预评估意见，对可能的死亡人数做出估计，根据这个意见，省委书记和省长决定立即赶赴灾区。上午 7：45 地震，下午 2 点许，书记和省长已经到达 300 千米外的岷县，根据省地震局提供的地震影响范围分布图，尽快找到极震区，察看受灾最重的村子情况。这样，指挥长对灾害的严重程度有了第一手的了解，当晚，在岷县召开应急工作会议时，就可以做到心中有数了。

宕昌县理川镇大舍村后的潜在大滑坡体，随时威胁着村子的安全。山上安装了警报器，有专人在山上放哨

解放军和国土资源部、中科院、测绘局等单位的航天影像、空中侦查、卫星遥感、航空拍摄等一手资料，及时报送省、市政府，为抗震救灾提供信息。

信息的准确、及时，可以为救灾指挥赢得宝贵的时间，也可以使救灾行动更有针对性，人员、物资、装备更适应需求，救灾才能更加有力有效。

三是对交通实施管制

地震后应该立即实施交通管制，以保证救援行动顺利进行，这是今年 4 月 20 日四川雅安芦山 7.0 级地震后一条重要经验。这次 7 月 22 日 6.6 级地震后，甘肃立即对通往岷县、漳县的几条公路实行了管制。省指挥部从地震当天就高度关注交通问题。地震当晚，省长刘伟平在岷县召开的省指挥部会议上说，要停止大型机械进入灾区，灾区的村路狭窄，小车进去都费劲，要马上调集小型机械到极震区。令行禁止，大型车辆即刻避让。同时，对社会车辆实行了管制，对大货车实行错时通过，进入山区村路的救援车尽量选用小型车辆。这些措施，有力地保障了道路通行。虽然还有局部拥堵，但整体顺畅多了。

今年 4 月 20 日四川芦山 7.0 级地震时，交通管制之前，已经有相当一部分社会车辆进入灾区，民用车和救援车辆混行，造成一定的拥堵。同时，救援车辆中大型车辆的进入，也造成道路不畅。这次甘肃省救灾行动，吸取了经验教训，高度重视，措施到位，为打通交通命脉，保障救灾，起到决定性的作用。

四是抢险救援有条不紊

7 月 22 日当天，就有解放军、武警部队、公安干警几千人进入岷县、漳县Ⅷ度重灾区。最后投入救援人员达六七千人之多，而投入人力的数量，也是根据事先的估计安排的。

部队进村抢险救援

部队在清理废墟

梅川镇永光村村后，地震后出现一处较大的滑坡体，掩埋了 6 户人家，13 人遇难

地震发生后预估死亡人数达到百人，重灾区Ⅷ度区的面积约七八百平方千米左右。按照强震动记录的分布图，主要搜救力量集中在可能的极重灾区搜索。

到 7 月 22 日晚省指挥部开会时，14 名失踪者中还有 5 名没找到，指挥部要求连夜寻找，重点在几处滑坡体搜索。至 23 日中午，在岷县梅川镇永光村村后的一处滑坡体下，甘肃武警救援队陆续找到 4 名遇难群众。7 月 23 日下午 4 点，14 位失踪者中最后一人的遗体在岷县中寨镇同心村自家倒塌的房屋下被找到。至此，地震后 32 小时，所有统计的失踪人员的遗体全部找到。失踪者找到后，在地震烈度Ⅷ度区范围内再做详细排查、确认，同时在Ⅶ度区排查。

岷县针对灾情面广、分散的特点，组织 10 个流动医院和 8 个固定医疗救治点，及时开展伤员救治。由于房屋损坏严重，各灾区都以最快速度开展了避险转移，仅岷县就转移 15 万多人。

由于死亡人数尽快得到确认、失踪人员全部找到，没有新的死亡、失踪人数报告，千余伤员及时得到救治或送往医院，地震后最重要的救人行动就基本结束了。救援队伍按照命令继续在乡村灾区工作，主要任务转为帮助群众拆危房、在废墟里寻找贵重物品，以及帮助搭建帐篷等工作。

一般地，地震后搜寻工作要根据灾害规模大小持续72小时到7天。四川芦山地震就持续到第7天，因为那里地形复杂，流动人口多，人数点不清楚，必须坚持到第7天。而这次极震区位置偏僻，乡村人员相互认识，容易清点，加之救援队伍到达迅速，使得救援行动两天就基本结束，从而转入清理废墟和协助群众拆危房及搭建帐篷等。清点死亡、失踪人数的迅速和准确，为抢险救人、寻找遗体提供了依据，极大提高了救人的科学性，减少了盲目性。

五是临时安置物资发放有序

地震后第一时间是救援，紧接着就是受灾群众的临时安置。地震后，在一些重灾村道路和通信都中断的情况下，市县乡各级有6600多名干部很快进入灾区，进村入社，及时就位。

从岷县向北大约走几十千米，是漳县大草滩乡小林村，这里是地震的Ⅶ度区。乡党委书记陈远军告诉我，全乡8个村，有3个村子震害比较严重。这个乡的物资发放机制是这样的：乡里统计各村的需求，然后向县民政局电话申请，县民政局会根据申请调配物资，及时送来。如果道路出现问题，物资调运部门会想办法运到目

漳县，居民安置点

的地，不耽误，不浪费。24 日这天，县民政局还主动打来电话，问还需要什么，所以，这种机制很顺畅。干部入村，了解情况，需要就给。全村列出花名册，平均发放。目前主要发的是棉被、衣服、水、方便面，还有大蒜。书记说，截至 22 号晚上 12 点左右，3 个受灾村已经全部安置到位。

帐篷集中搭建。目前是两家共用一个帐篷，逐渐会过渡到一家一个。县民政局发放帐篷，全乡已经到了 430 顶，24 日又申请了 100 顶。

地震后，乡镇的干部很快遍布所有的受灾村社。试想每个村子都有干部，都了解村子里最需要什么、困难是什么，此时通信已修复，可以把需求迅速报告县有关部门或指挥部，所需要的物资会尽快送达。如此，救灾临时安置就会有条不紊、平稳顺畅。

梅川镇马家沟震害

但是，这么大的范围，涉及了几十个村子，工作中也会有一些问题。

23 日上午，我们在极震区的马家沟遇到几位来自青海西宁的志愿者。他们说，前面山里大占寺村卜子湾有 60 多人情绪激动，说是没吃没喝没人管。我们表示马上电话联系省市指挥部，告知情况。在国务院救灾工作组到中寨镇考察时，也遇到部分受灾群众的拦访，一定要救灾组到村里看看灾情，担心没有人管。这两例现象，很快就解释开、解决了。前者是因为通往村子的一段路被阻塞，还没有挖通，后者是没有干部进村。随着干部进村，按照组织系统有序地发放救灾物资，问题很快得到解决，以后再没有出现类似的情况。所以，关键是干部进村、切实到位，发挥我们的体制在应急时的优势。

马家沟三社杨金虎家

总体来说，这次救灾物资发放是有序的，起作用的是这套完善的行政组织体系，干部进村到户，下情上达，使得物资发放工作才能这样高效。

物资到了村里，是怎么发放的呢？

25 日，在宕昌县哈达铺镇考察。这里是地震Ⅶ度区，牛家村受灾相对较重。牛家村自己组织调查各家受灾情况，并张榜公布。哈达铺镇镇长仇曙郃和书记张敬邦介绍，地震后镇上成立领导小组，村子成立发放小组，请老党员、有威望的老人做监督员，对于受灾户要张榜公布，有住村干部协助。

宕昌县哈达铺牛家村，这种房子很多，前面用砖，侧面、后面用土坯，不抗震

永星村，土坯房尽数倒塌

村里组织从22号12点开始统计，下午4点前公示，村民自己监督。灾损分为三类，一是倒塌户；二是危房户，又分两级，严重和一般；三是有裂缝的。牛家村倒塌房子的有63户，危房96户，裂缝的36户。所有被救助对象，要两榜公布，第三榜是发放物资的公示，确保公平公正。

宕昌县县委常委、宣传部长王福全说，当地地震后成立了党员先锋队、民兵突击队、邻村互助队等，活跃在抗震减灾的第一线。确实是，我们在路上就遇到一队行驶的小货卡车，每辆车前面都贴有“梅川镇救灾突击队”的纸标志。这些自发的救灾队伍，在帮助当地群众临时安置生活中发挥了大作用。同时，村组织在灾损前期调查、分发物资时是核心，作用发挥得越好，群众安置工作就做得越好。

永星村震害

来到宕昌理川镇大舍沟村时，理川镇张小勇书记告诉我们，全镇倒塌房屋的有600户。这个镇有21个村，地震后也是村民自治、张榜公布受灾情况，为公平分配救灾物资提供依据。

地震后，极震区范围大致700余平方千米，涉及几个乡镇，这个地区内各级政府管理比较到位，从县到乡镇再到村，联络通畅，村子需要的物资集中报到乡，再由乡报县民政局，统一调配，物流配送。这次地震临时安置的物资发放，做到了有序和高效。

六是对志愿者的引导和管理

地震后，一些志愿者来到灾区帮助抗震救灾，同时带来一些物资发给受灾群众。从几次大地震救灾行动的经验教训看，对来到灾区的志愿者也要加强引导和管理。这次地震应急行动，在这方面也有一些好的做法。

首先是省、市指挥部在地震当天布置工作时，就已经提出了要注意对志愿者和慈善团体发放物品的引导，特别是在县、乡镇两级，地震后的几天内就是这么做的。

漳县大草滩乡的陈书记说，23号漳县的一个老板送来10箱方便面和5箱水，按照乡里的建议，他直接送到山沟里指定的一个村子。另一位个体户，拉来18箱牛奶，交给村委会。兰州来的白老师，送来18箱矿泉水，交到村委会。志愿者的捐赠，一般由乡里记录下来，上报县民政局。

总之，尽量避免直接地随意送给受灾群众，那样容易引起分配的不均。一些志愿者问当地干部最缺什么，书记说目前最缺的是搬运工，于是有的老板带来一些工人，帮着卸帐篷和搭帐篷。

对志愿者的引导和管理，既发挥了志愿者和慈善团体在救灾中的积极作用，又避免了因分发不均造成受灾群众相互攀比的问题。相比以往志愿者在灾区活动的随意性较大，这次现场适当的引导产生了很好的效果。

七是抚恤等政策及时到位

地震发生的当天，政府马上决定为遇难人员每人购买一副棺木（依当地民族习惯），由岷县的5家棺材铺先提供，因天气炎热，需尽快入土安葬。发给每位遇难者家属抚恤金1万元，当天到位。22日晚寂静的夜空里，在岷县驻地我们清晰地听到远处清真寺传来的诵经声音，传得很远。几天内，遇难人员基本都入殓完毕，入土为安。遇难人员家属情绪稳定。

其他一些政策，如在应急期的15天内，对应急安置的群众发放每人230元补贴；在3个月过渡期内，对“三无”（无收入来源、无口粮、无房住）的困难群众提供每人每天10元的生活补助金等。这些政策的迅速公布和陆续到位，很快安定了受灾群众的情绪。

面对倒塌的房屋、受到损坏的家园，由于有部队、救援人员在村中帮助救灾，有干部了解灾情、解决吃、住问题，有及时的措施妥善安置遇难亲人下葬，有各项政策措施及时公告，使得受灾群众总体情绪安定，他们很快投入到整理家园、组织救灾、互相配合安排好灾后临时过渡生活的过程中去。由此可见，尽快采取稳妥地抚恤和安置措施、尽快使各项临时安置的政策落实到位，对稳定受灾群众情绪、做好救灾安置工作是至关重要的。

八是灾害调查细致周密

地震应急救援抢险阶段基本结束后，要立即转入临时安置阶段。各基层组织、乡镇村委会等在发放救灾物资时已经初步自行调查了灾损情况。为了详细核实灾情，各级指挥部要布置灾情调查任务。

甘肃省在初步评估了灾害损失的基础上，部署了灾情核查的工作，省长要求入户详查，调查结果要受灾群众认可，以保证调查的准确和周全。灾害损失调查对恢复重建会起很重要的作用。

宕昌县哈达铺镇牛家村，新旧房屋地震时受损对比

这次省指挥部对灾害核查高度重视、要求周密、措施具体，并对初步估计灾害损失基础上的核查提出了明确要求，这些都保证了灾害损失调查的严肃和准确。当然，如此大规模的行动，也有一些不足的地方，比如有些干部群众反映，在Ⅷ度区以外的一些地区，关注度还应该更加强些。

马家沟，三种结构房屋在地震中的表现对比

纵观这次地震后应急各个环节的工作，感到从中央到地方各级政府，充分吸取了2008年汶川8.0级地震、2011年玉树7.1级地震、2013年芦山7.0级地震的应急工作经验和教训，科学组织、综合考虑、周密部署、合理实施，整体应急反应正像甘肃省政府指挥部要求的那样，做到了“有力、有序、有效”。

目前，地震应急期已经基本结束，进入受灾群众临时安置和准备好过渡安置阶段。以上这几条，可以作为地震应急阶段现场工作的一些经验，提供给今后地震救灾行动中借鉴和参考。

2014年8月1日

从四川芦山到甘肃岷县

——谈谈地震应急能力的提升

2013 年，我国大陆地震很活跃。

4 月的四川雅安芦山县 7.0 级地震，7 月的甘肃定西岷县、漳县 6.6 级地震，是破坏比较严重的两次。

2013 年 4 月 20 日 8：02，在四川雅安芦山县境内发生 7.0 级地震。这次地震，Ⅵ度以上地区 18682 平方千米，其中Ⅸ度极震区约 208 平方千米，Ⅷ度区范围 1418 平方千米。地震造成 196 人死亡、21 人失踪，13486 人受伤，受灾人口达 309 万多人，直接经济损失 605 亿元。

芦山地震的特点：一是震级高、余震强，一个月内发生余震近万次，其中 5 级以上的余震 4 次。二是次生灾害多，救援安置难。余震引发山区滑坡、滚石、崩塌、损毁道路、阻塞交通，加大了救援难度。三是破坏大、伤亡相对较轻。最大烈度Ⅸ度，一些建筑是 2008 年汶川地震后新建的，虽遭损毁但没倒，和国内以往同级别、同类型的地震相比，人员伤亡较轻。

2013 年 7 月 22 日上午 7：45，在甘肃定西市岷县漳县交界处，发生 6.6 级地震。这次地震的震中位于甘肃东南部山区，最高烈度为Ⅷ度，Ⅵ度区以上面积达 16432 平方千米，涉及甘肃省 5 个市州 13 个县，造成 95 人死亡、2414 人受伤，Ⅷ度区范围 706 平方千米，极震区土木结构房屋倒塌和严重破坏率超过了 90%，受灾人口 168 万，直接经济损失 232 亿元。

这次地震的特点：一是余震频繁。震后 10 天，余震已达 1000 多次，造成灾害叠加。二是地震波及较广，受灾人口数量较大。由于较厚的黄土覆盖层对地震破坏强度的放大作用、震区人口相对密集、房屋抗震设防薄弱等原因，造成超过百万人受灾、Ⅵ度及以上地区的总面积比同等震级的地震较大。三是由于地质、气象条件差，次生灾害严重，滑坡、崩塌较多，房屋、道路损毁严重，特别是当地的土坯房基本全部倒塌。四是当地属于贫困地区，群众自救重建能力比较弱。

芦山县太平镇震害，Ⅸ度区

这两次地震，都启动了国家级的应急预案。

两次地震间隔仅 3 个月，很多应急处置决策值得重视。应急预案是原则性、指导性的，有许多具体情况是不相同的，需要积累经验。

在美国哈佛、耶鲁等大学的公共管理研究课程中，非常重视案例教学。对一些实际发生的应急事件做出认真总结分析，探讨决策处置的优劣，作为案例供学生或进修者研究，这样更有针对性和实际应用的价值。我们也应该重视积累一些典型实例，供今后应对紧急情况时参考。

岷县梅川镇马家沟震害，Ⅷ度区

自 2008 年四川汶川 8.0 级地震之后，我国各级政府、各个部门更加重视应对突发灾害事件的准备工作，特别是制定了不同层级的地震应急预案。概略观察分析，这两次地震的应对工作，吸取了2008年汶川8.0级地震、2010年青海玉树7.1级地震等地震事件的经验教训，许多地方有了很大的进步。特别是注意了科学救灾，强调有序和效率，值得认真总结，为今后的地震应急处置提供依据和经验。

7月甘肃岷县漳县地震的应急反应，在4月四川芦山地震紧急应对成功经验的基础上，又有了新的发展，社会舆论也给予了较好评价，主要特征是施救更科学、安置更有序。

以下几条经验应予以注意。

交通管制问题

在地震发生后紧急应对工作中，交通问题至关重要。多次地震应急反应都面临这个问题。保障交通是抢险救灾的基本条件，各地情况复杂，不可简单划一，但事实证明，施行一定的管制是必须的。

芦山地震后实行了交通管制

先看看芦山地震的管制情况。

地震发生在上午8：02。从成都到雅安的高速路，在中午时已经实行管制。当我和同事下午4时许从成都双流机场驶上成雅高速公路时，发现道路畅通，行驶的都是救援车辆。

到了雅安，去芦山县的路封闭了，因为在通往芦山的路上，多营到飞仙关一段有巨石挡道，有一辆军车出事故，所有车辆只能绕道，经过南边的荥径县，向北经过天全县，再去芦山震中。也就是说，成都、雅安通往芦山县的道路，这段时间只剩下这一条，这条路成为救灾的生命之路。

尽管此刻大都是救灾车辆，但也造成了拥堵。有救护车、消防车、工程抢险车、运送救援队伍的车、公安、运送抢修机械、甚至拉着挖掘、铲车的大型运输车等，排成长龙，越走越慢，在双河口附近，车辆终于走不动。这是县际间的普通公路，只有双向两车道。走走停停，到芦山县城时已经凌晨两点半，100多千米的路走了近10个小时。

芦山县城里已经到处是救灾车辆，军车、发电车、通信车，救护车、消防车以及大批的越野车等，排列整齐，停放在路两侧和中间。这次救援队伍行动之快，集结之迅速，超过以往的历次救援行动，但在交通管制上还有两个问题，一是实施管制的时间有些晚，使得一些社会车辆在震后进入灾区；二是救援车辆大小不一、缺乏有效管理。两天后，措施严格，交通秩序明显好转。这些措施，是根据当地交通条件和实际需要做出的。

芦山县城，位于川西山地，县城所在地芦阳镇，是相对大些的坝子，往南通往外部只有一条路，十几千米到飞仙关。往北通往极震区龙门、宝盛、太平几个乡的也仅是一条路，“串联”起这几个乡。去双石镇、宝兴县方向，同样是狭窄的县乡公路。大量的救援车辆，首先要去这些极震区去抢险救人，可见，交通疏导是多么重要的举措。后来，从县、市、省三级有关领导那里了解到，立即采取的一些措施非常有效，有力保障了救灾行动。

副省长、省公安厅长侍俊同志负责协调应急交通。他说，地震后关键是两点，一是交通通畅，二是救人，其他都往后排。由此，一天后，大量运送物资的车辆被拦截停留在名山县境内等待，不许进入芦山县城，只允许带着工具的救援战士、各种救援队伍进入，因为震后第一要务是救人。再有就是，考虑到通往极重灾区乡镇的道路就那么一条，乡镇村子里没有那么多楼房和大型建筑，因此大型救援车辆没有必要盲目进入，而大型车辆是造成拥堵的一个主要原因。所以，立即限制大型车辆进入极重灾区，已经进入的陆续撤出。这几个措施的实施，缓解了交通压力，保障了芦山县城进出道路的通畅，从而保证了后面各种救援行动的进行。实际上，这两项措施解决了第一天形成的拥堵。此事告诉我们，交通管制应成为今后地震现场的必要措施。

芦山，负责交通等现场工作的副省长侍俊等人员在紧急磋商

在芦山，我曾经和雅安市、芦山县的有关领导谈起交通应急措施。

市、县两级指挥部都觉着必要，认为省里的果断决策是合适的，社会和群众也是能够理解的。最初3天，市、县发的通行证都不好使，只有省里发的管用，但确实很快改善了交通秩序。

这次地震在交通管制方面的经验教训是：管制是必须的，时间还应该再提前些，应该在震后立即实施。第二是要管理车辆有顺序地进入灾区，在保证交通通畅前提下，先救人，再顾及生活。运送物资的让道给救人的。当地的灾情不需要太多重型机械和车辆时，就要限制。

甘肃岷县漳县6.6级地震的交通管制是如何实施的呢？

应该说，甘肃省充分吸取了3个月前四川芦山地震的交通管制经验。省指挥部清醒地认识到地震后要立即施行交通管制，以保证救援行动顺利进行。

7月22日6.6级地震发生后，立即对通往岷县漳县的几条公路实行了管制。省指挥部从地震当天就高度关注交通问题。省长刘伟平在地震当天晚上、在岷县召开的省指挥部会议上说，要停止大型机械进入灾区，灾区的村路狭窄，小车进去都费劲，要马上调集小型机械到极震区。令行禁止，大型车辆即刻避让。同时，对社会车辆实行了管制，对大货车实行错时通过，进入山区村路的救援车尽量选用小型车辆。虽然还有局部拥堵，但整体顺畅得多了。这些措施，有力地保障了道路通行。

这两次地震，在交通管制方面积累了宝贵的经验，而且一次比一次做得好。主要是，破坏性地震发生后，要尽快根据道路交通状况实施管制，先让救人的车辆进入，再分轻重缓急让其他车辆进入。救援车辆也要根据路况和需求，调配适合的车型放行，同时，要安排足够的人力疏导交通，确保救灾道路畅通。

协调指挥

应急指挥要强调科学性，讲求效率。

4月20日芦山地震之后，除了和救灾有直接关系的国务院、省、市领导，以及相关部门的领导之外，其他的领导都不到现场，也不以慰问、考察等名义到灾区来，从而为抗震救灾提供宝贵的交通资源和人力资源，专心投入救灾行动中去。

芦山地震是第一次这样做，群众并不认为非要领导到现场才好，而是希望尽快解决当前面临的困难。所以，各级领导各司其职，在各自岗位上以不同的形式来关注和支持救灾行动，而不是一定要到现场才行。芦山震后，李克强总理和汪洋副总理一同到现场视察，其他领导都不到灾区，整个应急行动由四川省委、省政府在雅安统一协调指挥，中国地震局、民政部等部门派出各自的队伍在现场协助工作。

岷县，甘肃省省长刘伟平部署救灾工作

7月22日甘肃岷县地震发生后，中国地震局和民政部等部委分别启动应急响应预案。国务院根据震级级别、灾害预估计，及时派出由有关部委组成的救灾工作组，到现场协助甘肃省委、省政府抗震救灾。国家领导同志下达救灾指示，并不先到现场，而是根据灾情，由负责具体工作的协调组赴现场开展工作。

岷县，中国地震局现场工作指挥部会议

整个救灾行动的管理组织，是由省委、省政府负责的。国家部委工作组协助省指挥部工作，现场协调跨省市的工作任务，现场解决急迫的问题。

甘肃省一级的应急工作也是如此。由分管应急工作的副省长在地震现场任指挥长。省委书记和省长到现场考察灾情，两天后返回兰州，其他省级领导都在各自岗位，不到现场。5天后，由分管民政的副省长王玺玉到现场，接替副省长冉万祥任指挥长，组织第二步安置工作。这样，现场的指挥就很有秩序。没有许多当地同志陪同上级领导，在现场的指挥部成员有序协调，指挥抗震救灾。甘肃省各委办局都有负责人在现场，负责协调各自管理范围内的工作。

仅此做法，就省去了许多不必要的道路拥堵。此时，救灾行动真正需要的是能起到指挥作用的人，如救援人员、物资运送、交通疏导，等等。甘肃岷县漳县地震的应对，充分吸取了芦山7.0级地震应对中这条好经验，更加完善、顺畅。从国务院到省政府，强调的是科学、有效、有序的应急行动。

根据不同性质、不同规模的自然灾害情况，要分级启动应急预案，派遣相应管理和协调人员开展应急指挥工作，做到有责、有位、有效。科学指挥，就是要注意统一协调管理，不要交叉重叠；科学指挥，就要避免过多的没有指挥任务的领导同志到现场；科学指挥，就是要令行禁止、调度顺畅、各级政府能相互良好衔接。这是今年两次地震的第二条重要收获。

救援行动

地震后的救援行动，首先是搜救被压埋的人员。经过国内外多次地震的情况统计，强烈地震之后，70%的压埋人员是通过自救逃生的，20%左右是由周边人员互救脱身，大约10%左右被压埋较深，需要专业救援才行。

芦山，国家救援队队员和搜救犬

芦山地震，造成较大面积的破坏，Ⅷ度以上地区约1600多平方千米，在此范围内都有可能造成人员的伤亡。地震后，预估死亡人数至少在百人以上，根据预案，救援人员迅速奔赴灾区实施救援。

这次地震的极震区，主要在芦山县的5个乡镇，几十个村子。陆续在现场搜救的部队和各行各业的专业、业余的直接参加救援的队伍，3天后还保留着一万多人的规模。此时已知失踪24人外，常驻人口全摸排清楚了。只是流动人口、旅游人员或者志愿者的情况不明。这种情况下，搜救人员继续入村进户，仔细搜索，拉网摸排，对各处坍塌废墟做检查，不留一处死角。此时，基本已经没有新的伤员救出，统计的死亡人数也逐渐趋于稳定，在190人左右。

一般人在压埋状态下存活的时间是7天，所以，为了不放弃任何一丝希望，救援行动要持续到7天以上。一方面，部队在村镇巡查，仔细搜索，同时帮助受灾群众整理废墟，搭帐篷，安置群众，等等；另一个很重要的方面，就是稳定社会，稳定人心。受灾之后，群众看到解放军在这里，就会感受到政府的关心和救助，心里是踏实的。从国务院到省、市、县政府，统一政令，地震后坚持搜救排查，一直坚持7天。虽然这次地震的规模远不能和2008年汶川8.0级地震比，但也属于强烈地震之列，依然将搜救行动持续了一周。到4月27日8：02，全省举行了哀悼仪式，为在地震中遇难的同胞默哀 3 分钟。同时，也将地震后的救援行动由救援转为重点安置群众的阶段。

这次地震的搜救工作，高度体现了“以人为本”原则，不放弃任何救人的机会，即使在筛查多遍的情况下，仍然坚持，直到生命能维持的极限时间之后才结束。

再看看甘肃岷县漳县地震的情况。7 月 22 日当天，就有解放军、武警部队、公安干警几千人进入岷县、漳县Ⅷ度重灾区。最后投入救援力量达六七千人之多，而投入人力的数量，也是根据预估灾情安排的。

地震发生后的预估计，可能死亡人数达到百人，重灾区Ⅷ度区的面积约七八百平方千米左右。依据强震动记录的分布图，主要集中在极重灾区搜索。

到 7 月 22 日晚省指挥部开会时，14 名失踪者中还有 5 名没找到，指挥部要求连夜寻找，重点在几处滑坡体搜索。至 23 日中午，在岷县梅川镇永光村村后的一处滑坡体下，甘肃武警救援队陆续找到 4 名遇难群众。7 月 23 日下午 4 点，14 位失踪者中最后一人的遗体在岷县中寨镇同心村自家倒塌的房屋下被

岷县，部队进村

岷县永光村，救援队在滑坡体寻找失踪者刚结束

挖出。至此，地震后32小时，所有统计的失踪人员的遗体全部找到。失踪者找到后，在地震烈度Ⅷ度区范围内再做详细排查、确认，同时在Ⅶ度区排查。

由于死亡人数得到尽快确认、失踪人员全部找到，没有新的死亡、失踪人数报告，千余伤员及时得到救治或送往医院，地震后最重要的救人行动就基本结束了。救援队伍按照命令继续在乡村灾区工作，转为主要帮助群众拆危房、在废墟里找物品以及帮助搭建帐篷等工作。

一般地，地震后搜寻工作要根据灾害规模大小持续72小时到7天。4月四川芦山地震就持续到7天，因为那里地形复杂，流动人口多，人数点不清楚，必须坚持到7天。而这次极震区位置偏僻，乡村人员相互认识，容易清点，加之救援队伍到达迅速，使得救援行动两天就基本结束，从而转入清理废墟和协助群众拆危房和搭建帐篷等。清点死亡和失踪人数的迅速和准确，为抢险救人、寻找遗体提供了依据，极大提高了救人的科学性、减少了盲目性。

地震现场的经验告诉我们，破坏性地震的现场救援行动即使已经没有什么生存迹象了，也要坚持在重灾区巡查，此时主要是帮助群众清理废墟、寻找贵重物品，有救援队伍在灾区工作，群众会感到踏实。7天后，救援阶段逐渐转入临时安置阶段，救援行动基本结束。

岷县，部队帮助清理废墟

物资发放

芦山地震后两天，交通逐渐通畅，物资发放在3天后逐步规范。物资发放由指挥部统一协调，采取统一配置的方式。我到芦山县极重灾区太平镇时，韦镇长告诉我，所有安置情况由乡镇组织协调，需要什么就给县里打电话，县里安排运送。比如，需要多少帐篷、瓶装水、食品等，县指挥部会按照人数和乡镇提出的需求来派送。县指挥部的调用物资，并不放在本县，有好几百辆车的物资停在名山县待命，需要时就开进来送货。省指挥部保证交通通畅，保证物流供给，县里统筹全县安排，乡镇直接提出需求。救灾秩序很快地形成了，志愿者自行供应的救灾物品得到一定的引导和调控。所以，几天后，各村的帐篷就都到位满足需要了，分发的瓶装水也避免了浪费。汶川地震时由于大量方便面、矿泉水的无序发放，在有的地方造成很大浪费。这次的统一调配物资模式，避免了大量浪费的现象。所以，随着搜救工作继续进行，由于统一调配运送物资，在安置阶段的工作还未完全展开时，许多乡镇的安置已经基本就绪了。这也成为芦山地震后的一条很好的经验，即确保交通通畅的前提下，统一采取物流模式配置救灾物资，统一指挥协调，避免多头管理。

芦山，地震救灾物资

甘肃岷县漳县地震后，市县乡各级有6600多名干部很快进入Ⅷ度极重灾区，在一些重灾村的道路和通信中断情况下，干部徒步进村入社，及时到位。这些干部的重要任务是了解灾情和群众的临时需要，协调救灾物资发放到位。

从岷县向北走，大约几十千米，是漳县的大草滩乡小林村，这里是地震的Ⅶ度区。乡党委书记陈远军在小林村告诉我，全乡 8 个村，有 3 个村子震害比较严重。这个乡发放物资时，乡里先统计各村的需求，然后向县民政局电话申请，县民政局会根据申请调配物资，及时送来。即使道路出问题，物资调运部门也会想办法将物资运到目的地，不耽误，不浪费。

7 月 24 日这天，县民政局还主动打来电话，问还需要什么，所以，这种机制很顺畅。干部入村了解情况，需要就给，全村列出花名册平均发放。目前主要发的是棉被、衣服、水、方便面，还有大蒜。书记说，22 号晚上 12 点左右，3 个受灾村已经全部安置到位。

地震后，乡镇干部很快遍布所有的村社。试想每个村子都有干部，都了解村子里最需要什么、困难是什么，此时通信已修复，村干部可以把需求迅速报告县有关部门或指挥部，所需要的物资会尽快送达，如此，救灾临时安置就会有条不紊。地震后灾区的救灾物资就是这样发放的，平稳顺畅。

但是，这么大的范围，涉及几十个村子的工作，也会出现一些问题。如有的村子路断了没能及时修复，有的村子还没见到进村的干部有些着急，等等，有少部分灾区群众情绪有些激动。这两个情况，随着干部进村、有序按照组织系统发放救灾物资，问题很快得到解决，以后再没有出现类似的情况。所以，干部进村、切实到位是关键，发挥我们的体制在应急时的优势。

总体来说，这次救灾物资发放很有序，起作用的是这套完善的行政组织体系，工作人员进村到户，下情上达，使得物资发放工作才能这样高效。

物资到了村里是怎么发放的呢？

7 月 25 日，我在宕昌县哈达铺镇考察。这里是地震Ⅶ度区，牛家村受灾相对较重。牛家村自己组织调查各家受灾情况，并张榜公布。哈达铺镇镇长仇曙部、书记张敬邦介绍，地震后镇上成立了领导小组，村子成立了发放小组，请老党员、有威望的老人做监督员，有住村干部协助，对于受灾户要张榜公布。

宕昌县牛家村物资发放公示

村里组织统计、公示，村民自己监督。灾损分为三类，一是倒塌户；二是危房户，又分两级，严重和一般；三是有裂缝的。所有救助对象，要二榜公布，第三榜是发放物资的公示，确保公平公正。

大舍沟村2013年7月22日地震灾情公示表

户主姓名	家庭人口	受灾类型							备注
		人员伤亡情况	房屋受损情况			圈舍受损情况	家畜受损情况	其他受灾情况	
			房屋结构	倒塌（间）	裂缝（间）				
[illegible]	5		土木		3			[illegible]	
[illegible]	4		土木		5			[illegible]	
[illegible]	2		土木		4				
包想平	4		砖木		3			[illegible]	[illegible]
包想生	4		砖木		3			[illegible]	
赵凯鹏	5		土木		3				
[illegible]	5		土木		3			院墙倒塌	
[illegible]	9		土木		3			[illegible]	
[illegible]	7		土木		3			[illegible]	
赵玉平	4		土木		3			[illegible]	
[illegible]	4		土木		3				
[illegible]	4		土木		3				
[illegible]	7		土木	3	3				

村委会组织灾情调查并公示

宕昌县县委常委、宣传部长王福全说，当地地震后成立了党员先锋队、民兵突击队、邻村互助队等，他们活跃在抗震减灾的第一线。村组织在灾损前期调查、分发物资时是核心，作用发挥得越好，群众安置工作就做得越好。

两次地震的启示是，救灾物资要统一调配，按需要发放。一是下情上达，县乡干部进村与村干部一起，了解群众在临时安置时期最需要什么、需要多少。二是通信和交通物资运输通畅，把需求报告指挥部，由指挥部负责送达，又快又不浪费。三是村里发放也要有一套管理办法，做到公平公正。以往地震之后因组织不到位，曾造成物资到位迟缓或积压浪费。这方面的经验教训告诉我们，必须发挥行政组织体系的优势，系统组织发放物资，做到迅速到位、合理适用、节约高效。

志愿力量

地震发生后，有许多志愿者立即驱车前往灾区，参加抗震救灾行动，发挥了很好的作用。 但在4月芦山地震灾区，和村镇干部交谈后，发觉这里也是有喜有忧。

先说喜。志愿者活跃在灾区各个地方，或者参加救援，或者作为慈善行动发放救援物资。这些救援物资丰富多样，弥补了政府发放救济应急物资的不足，特别是在时间上、范围上、物品的多样化上，都是政府发放所不好比较的。

4月22日，在芦山县龙门乡古城村月光三组，遇到在这个村子蹲点的县工作组的人。他们说，政府组织发放食品，只是保证基本生活需要的，但不时有私人或企业的救灾物资发放车辆经过，凭感觉和印象临时停车，给围上来的群众发物品。有利的地方是，可以弥补一些政府救济发放的不足。但是，这种随意的发放，有的群众拿到有的拿不到，易造成群众误解甚至有情绪。有的受灾群众指责政府发得太少、太一般，不知道政府发的救济物资是保障基本生活的。所以，志愿者发放物品的弊端是物资发放有的时候不平衡。所以，震后有几天，乡镇村干部的一项很重要的事是协调群众和村外的上级政府、发放物资的志愿者、企业之间的关系。政府发救济没问题，搞慈善的来了随意发放不好办。

这是忧。

这次地震也提出了如何更好地引导志愿者参加救援行动、参加物资发放工作的问题。既要吸纳、发挥作用，又要协调有序，作为政府救援、救助行动的有力补充，真正做到帮忙而不添乱。

一是发放物资方面，还是要允许志愿者个人或企业集体到灾区直接发放救济物资，但最好和乡镇或村委会联系，协调指导发放，以做到合适和平衡。比如，在宝盛乡的玉溪村就是这样，村里有二十来个临时居住点，志愿者发放物品时尽量做到每个点都走到。

二是地震发生后，可能会很快实行交通管制，许多志愿者会难以自由进入灾区。此时，应该建立备案报告机制，交通管理部门应根据需要适当放行。在灾区实行交管后，要有个部门牵头，登记志愿者，和交通部门联系适度放行等问题。

甘肃岷县漳县地震时，对志愿者的引导就做得比较好。

地震后，一些志愿者来到灾区，帮助抗震救灾，同时带来一些物资发给受灾群众。省、市指挥部在地震当天布置工作时，就已经注意到这个问题，提出了要注意对志愿者和慈善团体发放物品的引导，特别是在县和乡镇两级。地震后的几天内，就是这么做的。

如漳县大草滩乡。陈书记说，23号，漳县的一个老板送来10箱方便面和5箱水，按照乡里的建议，他直接送到山沟里指定的一个村子。另一位个体户，拉来18箱牛奶，交给村委会。兰州来的白老师，送来18箱矿泉水，交到村委会。志愿者的捐赠，一般由乡里接收、发放并记录下来，再上报县民政局。总之，尽量避免随意直接送给受灾群众，那样容易引起分配不均。

芦山、岷县漳县两次地震后，地方政府逐步重视对志愿者的支持和引导工作。采取适当管理，既发挥了志愿者和慈善团体在救灾中的积极作用，又避免了分发不均、造成受灾群众相互攀比的问题。相比以往志愿者在灾区活动的随意性较大，甘肃岷县漳县地震救灾时对志愿者适当的引导产生了很好的效果。这条经验值得今后地震救灾时重视。

地震后立即来到极重灾区岷县梅川镇服务的青海西宁的志愿者

临时安置

一次破坏性地震之后的处置，一般分4个阶段：救人阶段、临时安置阶段、过渡安置阶段和恢复重建阶段。

救人阶段大致要5～7天。地震之后，一边救人一边就开始临时安置了，此刻帐篷是最需要的。芦山和岷县漳县两次地震，物资供应都有着充分保障，像最需要的帐篷，基本是有求必应、按需分配。要注意的事情是及时送达、满足需要和不浪费。

地震后临时安置工作，除了尽快提供食品、饮用水，药品，就是搭建临时帐篷。除了这些物资到位以外，还要尽快制定一些临时的政策和措施，尽快实施。比如岷县漳县地震后，政府马上决定按当地习俗为遇难人员每人购买一副棺木，尽快入土安葬。发给每位遇难者家属抚恤金一万元，当天到位。22日晚，在岷县的驻地，半夜里可以清晰听到远处清真寺传来的诵经声音。几天内，遇难人员基本都入殓完毕，入土为安。遇难人员家属情绪稳定。

其他一些政策，如在15天的应急期内，向应急安置的群众每人发放230元补贴；在3个月过渡期内，对“三无”（无收入来源、无口粮、无房住）的困难群众提供每人每天10元的生活补助金等。这些政策的迅速公布和陆续到位，很快稳定了受灾群众的情绪。面对倒塌的房屋、受损的家园，由于有部队、救援人员在村中帮助救灾，有干部了解灾情并解决吃、住问题，有及时的措施妥善安置遇难亲人，有各项政策措施及时公告，使得受灾群众总体情绪稳定，迅速加入到整理家园、组织救灾、互相配合安排好灾后临时过渡生活中。

芦山，废墟上的标语

所以，震后尽快有序地将食品、饮用水、帐篷等临时生活必需物资送到受灾群众手上，尽快制定抚恤和临时性的政策措施、尽快使各项临时安置的政策落实到位，对稳定受灾群众情绪、做好救灾安置工作至关重要。

结语

地震应急工作，除了落实应急预案之外，必须高度重视每次地震现场的实际经验，注重每次经验的总结。可以把每次地震应急行动作为实际案例，认真剖析。

纵观今年4月四川芦山7.0级地震、7月甘肃岷县漳县6.6级地震震后应急各个环节的工作，感到从中央到地方各级政府，充分吸取了2008年汶川8.0级地震、2010年玉树7.1级地震等地震应急的经验教训，科学组织、综合考虑、周密部署、合理实施，整体应急反应正像甘肃省政府指挥部要求的那样，做到了“有力、有序、有效”。

2013年9月10日

松原震区调研考察札记

2014 年春节前夕，正是零下十几度的天气，踏着积雪，借着慰问吉林地震台站的机会，我们来到吉林松原地震灾区考察灾后安置等工作。

松原位于吉林的北部，2013 年 10 月 31 日发生了 5.5 级地震，接着又是几次 5 级地震，11 月 23 日又发生 5.8 级地震，造成了较大的损失，当地政府立即组织开展抗震救灾，取得了比较好的效果，也积累了一些经验。

地震后，松原市副市长周庆东参与了组织抗震救灾工作，他介绍说，10 月 31 日 5.5 级地震后，市县组织干部挨家挨户做鉴定。当时天气已经很冷，主要是尽快确认危险房屋、确定哪些住户要搬走。地震部门到达得最快，群众看到政府派人来了，心里踏实。地震专家在现场工作，群众情绪稳定。

政府组织的救援很及时，民政部门救助也很快到位，临时住的、吃喝都有，群众不乱。地震后，市县乡三级干部深入到各家各户。前郭县直属单位的干部分村包户。

10 月 31 日 5.5 级地震后，政府把当地鉴定为危房的土房都拆掉，目的是不让群众回去住。当地是蒙古族聚集区，多数是土房。危房拆了，在 11 月 23 日 5.8 级发生时，没有人员伤亡。

前郭尔罗斯县县长包万忠说，前郭县是吉林唯一一个蒙古族自治县，11% 的人是蒙古族，主要聚集在西部。查干花镇是这次地震震群的极震区，蒙古族群众多。大致有 15 个乡、2 个牧场、4.5 万左右的群众受灾，8000 多所房子被损毁，有几个屯的房子完全倒塌。

由于没有人员死亡，群众心境比较平和。这有几个原因，一是地方政府安置转移动作快。千余名县、乡干部到灾区，一个干部包 3 户，清人，有裂缝的房子不让住，人要转移走，每户给 7000 元转移费，各自投亲靠友。二是政策制定得快，落实行动也快。地震第二天就确定了补助标准，立即执行。在 11 月 7 号前走的，发 7000 元，7 号以后走就发 5000 元。三是措施具体、实用、针对性强。开始时，每户都要求政府帮助盖板房，后来政府提出让受灾群众选择，投亲靠友临时转移的给钱，不愿意转移的，政府帮助盖过渡过冬板房，过渡房将来是要折价的。群众可以在两者间选择，不一刀切。还有，一些群众想选择转移，可是每家有十几万斤粮食，刚收上来还没卖呢。政府立即研究措施，粮食局制定政策，国家粮库提前敞开收购灾区的粮食。省指挥部连夜开会协调收粮，5 万吨粮 7 天就收上来了，给那些想投亲靠友转移的群众解除了后顾之忧。

松原地震Ⅶ度震害

10 月 31 日地震发生时，东北

的天气已经很冷了。所以，以上那些措施，都是针对东北冬季这一特定的季节和地区制定的，以人为本，要首先考虑受灾群众安置的需要。

在前郭县，松原市副市长周庆东、秘书长王平，地震局孟局长，前郭县县长包万中、副县长张玉萍，县地震局局长高双喜（赫斯巴雅尔）等，给我们介绍了救灾的情况和考虑。

松原市副市长周庆东（中），地震局局长孟繁斌（左）在介绍情况

一部分受灾群众转移走了，还有一部分留下过冬的怎么办？如何安置？前郭县的办法是，调动全县力量，抓紧盖特殊的彩钢房。这种彩钢房，24 平米一幢，造价 1.2 万元。不愿意走的，政府给每户盖一栋彩钢房。短时间内，前郭县盖了 3100 幢彩钢房。我看到，这些彩钢房设计得很实用，虽然只是 24 平米，却是一“幢”而不是一“间”。房子分里外屋，外屋有锅台，可做饭、烧炕；一铺大炕占了里屋半间屋，炕烧得暖暖的，可以住多人。这样既节省了面积，又能够暖暖和和地过冬，一家人挤挤呗。看到政府给盖这样的房子，一些本可以转移的也自愿留下。县委、县政府充分尊重群众自己的选择，走或不走都可以。

震后安置房

只用了 3 天时间，2253 所土房全拆掉，有裂缝没拆的，贴上封条。开始时有议论说是不是有些过火，待 11 月 23 日 5.8 级地震发生时，危险的土房全塌了，一个人也没死，议论就没有了。

安置中还有一个问题就是，如果后续政策没说好，大家肯定都愿意要一幢彩钢房。为此，市县制定的政策是，拿了转移安置费的，不建临时房；

建临时房的，可以在自家院子里合适的位置上建，以后不拆，可以折价给住户（从该发的补助中抵扣），作为仓房继续使用，也就是说，彩钢房不是全部无偿的。所以，安置工作比较有序。

现在（2014 年 1 月），还有县里临时聘用的四五百人在灾区巡逻，每月工资 2500 元，主要任务是告诉住在彩钢房里的群众防止煤气中毒。板房的温度在 20℃左右，每家都安有一氧化碳报警器。

包县长还介绍说，县里要求县直副科长以上干部，再过几天，大年三十上午，要到灾区去，带着吃的，和包户吃顿年饭，贴对联，4 点前回来，晚上让人家自己过年。

周市长说，灾区的恢复重建，要政府、个人、社会各出一些钱。房子由个人自己盖，政府提供图纸指导，围墙、道路环境和配套设施等由政府按照规划统一做。为了避免浪费，现在建的板房，将来就是自家仓房的位置。

在前郭县腰英吐村我们看到，家家彩钢房上都插着国旗。

前郭县转移安置 4.5 万人，乾安县转移安置 2.3 万人。这两个县是Ⅶ度区。这里今年最冷的时候达到零下 24℃，现在已经四九了，不会再那么冷了。

当地政府的责任意识很强，目标就是不死人，以人为本、生命至上。震后政府采取的几个措施，在 11 月 23 日 5.8 级地震时再次得到检验，证明是得当的。如 7000 元安置疏散、拆除危房、干部包户、彩钢房安置等，避免了人员再次伤亡。如果 5.8 级地震不来，是不是有些防范过度呢？不是，因为要“宁可备而不震，不能震而不备或备而不足”。为了避免浪费，使安置房得到充分利用的政策也是合适的，群众也接受。

彩钢安置房的外屋

24 平米的彩钢房内

彩钢安置房内的锅灶

作者在现场和前郭县副县长张玉萍交谈

副县长张玉萍说，抗震救灾，松原市委提出“五心”工作法，即责任心、同情心、耐心、爱心和心连心。

前郭县也是旅游县、生态县，张县长表示将来要建个地震博物馆，既做科普教育，也为当地旅游作贡献。

1 月 22 日，我们从松原市向西北方向走，去前郭县的查干花镇考察震害，那里是松原地震震中，烈度达到Ⅶ度。一路上地广人稀，大雪覆盖着原野，白茫茫地看不到边际。这里是松辽平原，西部连接着科尔沁草原。雪后的空气十分清新，路两边看不到村庄，辽阔的平原上有些零星的树，漫天皆白。

在考察腰英吐村时，见到查干花镇的书记王雷。

王雷说，这个村子有 6 个自然屯，1096 户，4000 多人，70% 的人都转移了。盖了 606 幢彩钢房，容纳 1700 多人。

他说，投亲靠友的群众，最近也有回来的。尤其投靠亲戚的回来得多。都说亲戚待人太热情，越好越住不踏实。还有的是在城里住不惯，回来后，用已经发的钱搭彩钢房。

查干花镇书记王雷

来到高景奎家，参观了他家的彩钢房。房子也是 24 平米，屋顶挂起国旗，有灶台、有火炕，屋里挺暖和，灶前趴着小狗。冬天的阳光照进房子里，很亮堂。

谭忠宝家，有位 80 多岁老太太坐在里屋的炕上。快到春节了，我们给几家送去过年的红包，提前拜年。

我们还考察了冬英吐屯。这个屯有 200 多户人家，其中 130 户转移。一幢幢的彩钢安置房，散落在各自的农家院儿里，院里还堆着玉米秸。安置房虽然紧凑、拥挤，但是这是临时安置，大家也能理解，况且天气暖和后就要开始恢复重建，这些临时房屋大都会留下，也不浪费。

考察松原地震后的安置措施，觉得一些做法很有意义。首先这是在东北少震弱震地区发生的中强地震，东北地区很少发生这种强度的浅源地震，所以缺少工作经验。这次松原震群后采取的措施，为东北地区今后处置突发地震事件提供了很有价值的经验。

其次，群众过渡安置采取自愿选择转移或留下的方式，鼓励暂时投亲靠友过冬的做法，如果群众选择留下，也有适合的安置措施。这个措施的实施，使得人心稳定。这种让群众选择的方式，显然较单一方式要好得多。不仅在东北，也值得其他各地震高活动区的省市在相似环境下借鉴。

第三，如何避免临时安置房浪费的做法，也值得认真总结并提供其他地区参考。在2008年汶川地震、2010年玉树地震乃至2013年的芦山地震等震后临时安置中，都存在很大的浪费现象。特别是汶川地震，由于规模大、灾害严重，政府为了群众需要“不惜代价”。这种愿望虽好，但对救灾工作应该强调科学性和从实际出发的要求没有足够的重视。这次松原地震的彩钢房，既满足冬天临时安置需要，又严格限制面积和供给标准，避免浪费。由于考虑到震后转为农民的仓房，而且要折价卖给农民，不是无偿的，也是既保证了安置需要，又避免了临时安置完成后的丢弃浪费。政府组织人员在安置点巡逻，预防冬天煤气中毒，安置房配一氧化碳报警器等措施，都很符合实际需要。

震后在自家院子里搭建的彩钢房

从松原现场去四平的路上感受很多，特别是以上几点，印象深刻。松原地震因没有人员死亡，政府又从容应对，措施及时，政策得当，干部下户，逐一落实，地震应急反应各项工作比较成功、有效。

此时，眺望公路两侧，依然是皑皑白雪，望不到边。天很蓝，松辽平原广袤的雪原在阳光下显得明亮耀眼。松原震区临时安置的蓝色彩钢房顶上，正飘散着袅袅炊烟。

2014年1月23日

整理于2014年7月19日

鲁甸现场实记

大暑时节，在云南昭通山区的鲁甸县，发生了6.5级地震。纵观这次震后的应对工作，比以往震后应急做得更好些。各项预案发挥了积极作用，灾区各级政府、部门努力做到有序救灾、科学救灾。从灾区回到北京后整理资料，一些现场情景栩栩如生地浮现眼前，遂把一些片段的画面以文字记录如下。

8月3日　赶赴灾区

下午4:30，云南省昭通市鲁甸县（北纬27.1°，东经103.3°）发生6.5级地震，震源深度12千米。

云南省地震局震后立即报告省政府："这次地震发生在鲁甸县西南23千米龙头山镇，昭通、昆明东川、曲靖等地震感强烈。"

地震发生后，中国地震局启动一级应急响应，派出20余位工作人员赶赴灾区，和云南地震局共同组成现场工作队。笔者随工作组乘当晚8点多的飞机赶赴昆明。

路上边走边了解灾区情况，“震中鲁甸县大都在山区，地势东西两侧高，中间低平，地貌错综复杂，人口密度为 265 人／平方千米，为人口稠密地区，经济水平不高，人均财政收入仅 570 元。鲁甸农村房屋以砖混和土木结构为主，普遍未经抗震设防，部分房屋以夯土墙承重且老旧，抗震性能差。”

本次地震发生在滇东地震重点危险区内，这个地区地震背景复杂，省政府曾多次提出要求，采取措施，加强防范，对中小学校舍进行了加固，还经常组织应急演练。

土坯房大部分倒毁

震中距离昆明市 236 千米，距离昭通市 49 千米，距鲁甸县城仅 27 千米。估计地震可能影响到 8 个县区，即鲁甸县、会东县、宁南县、会泽县、巧家县、永善县、昭通市市辖区以及贵州威宁彝族回族苗族自治县。

查一查历史资料，发现鲁甸及其附近地区是地震高发区（见下表）。

时间	地点	震级	震中烈度	灾害损失
2012.09.07	云南彝良县与贵州威宁县交界	5.7	Ⅷ	死亡 81 人，伤 834 人，房屋损毁 81253 间，经济损失 477104 万元
2010.08.29	云南巧家县与四川宁南县交界	4.8		17 人受伤
2005.08.05	云南会泽与四川会东交界	5.3	Ⅵ	伤 44 人，房屋损毁 2093 间，经济损失 16998 万元
2004.08.10	云南鲁甸县	5.6	Ⅷ	死亡 4 人，伤 597 人，房屋损毁 3944 间，直接经济损失 33226 万元
2003.11.26	云南鲁甸县	5	Ⅶ	伤 24 人，房屋损毁 751 间，直接经济损失 9300 万元
2003.11.15	云南鲁甸县	5.1	Ⅶ	死亡 4 人，伤 94 人，房屋损毁 998 间，直接经济损失 19190 万元

中国地震局地球物理研究所（以下简称“地球物理所”）8月3日地震后做了“地震动强度预测图”分析：“综合考虑地震区域局部的地质构造背景，地震波的衰减特性以及土层对地震动参数的放大效应，估计了本次地震的震动图。根据对这次地震预测的震动图分布特征，预计极震区震动烈度可能达到Ⅷ度以上，可能的受灾范围近15000平方千米，乐红乡的震动烈度可能达到Ⅷ度。”这种震后迅速估计，对指导救援行动、队伍布局很重要，尽管结论和最终的实际情况有些差距。

龙头山镇的震害，Ⅸ度区

这次鲁甸地震的区域，在第四代、第五代区划图中，都是按照Ⅶ度烈度设防的，地震动峰值加速度值在0.10～0.15g之间。

截至晚8点从北京上飞机之前，从各方面信息看，已经知道有150余人遇难，其中鲁甸县有120多人，巧家县有20多人，另有180多人失踪。极震区房屋倒塌严重。

从微博上了解到，震区已经实行交通管制，说明管制得及时，这是多次地震现场的一条实践经验。有几百人的救援队正在赶赴灾区，现场的受灾群众正在自救互救。微博可见到现场的房屋倒塌情况和受灾群众自救互救的图片。

几天后统计的这次地震实际情况是：617人死亡，112人失踪，3143人受伤，25.4万人紧急转移安置。有2.72万户、8.55万间房屋倒塌，4.36万户、12.91万间房屋被严重损坏。地震的极震区位于龙头山镇，最大烈度达到Ⅸ度，Ⅵ度以上的范围约10350平方千米。

4日凌晨，从昆明机场换乘汽车，直奔昭通方向。夜间路上跑的车都是去灾区的，大都是救援的车辆。没有喧哗，只有疾驶车辆的引擎声，单调的声音中透出一股紧张的气氛。进入昭通境内时，就看到去灾区的路标指示。天未亮，我们已到达鲁甸。

8月4日　地震现场

在驻地休息一个多小时，吃过早饭开始工作。

地震系统现场工作队的主要任务是：布设流动地震台网，监测余震活动、分析地震趋势；到灾区开展灾害和烈度评估调查、建筑物损害调查；地震发震断层的考察和现场应急的其他科考，等等。

铁朝曙，昭通市防震减灾局党组书记，原来是鲁甸县副县长。他介绍说，昨天地震的宏观震中在鲁甸县龙头山镇，要到达那里必须走昭通巧家公路，然后从“沙坝”下道，再去龙头山镇。现在这条路不通，发生了滑坡塌方，交通部门在负责打通这条路。铁书记还说，灾情最重的是龙头山镇、火德红镇、乐红镇，还有巧家县的包谷垴乡。

4日上午8：40，省民政厅统计，鲁甸、巧家、昭通市昭阳区、曲靖会泽县死亡381人（鲁甸302人，巧家66人，昭阳1人，会泽12人），3人失踪，1801人受伤。鲁甸县城，房屋破坏不重，但有轻微破坏，酒店都有裂缝，属于Ⅵ度区。县城没有人员伤亡。

龙头山镇极震区震害

3日下午，地震发生后，云南省省长李纪恒率各委办局领导，弃车后步行两个小时，晚上23点到达龙头山镇。

4日上午，地震现场队各个小组开始进入灾区工作。

科技助力

地球物理所副所长杨建思建议，由于灾区道路中断，为了获得灾情信息，应派无人飞机到现场，指挥部同意由地球物理所负责调无人机过来，配合灾情调查。

地球物理所这次带了一套现场调查指挥系统到鲁甸，这样，派出的调查人员可以随时和指挥中心联系，传送文件、图像图片，而指挥中心也可以掌握队员位置，了解小组的工作情况，便于及时汇集数据现场指挥。

地球物理所作为中国地震局直属的科研院所，这次在灾区充分利用科研成果为现场工作服务，包括无人飞机航拍、现场调查指挥系统平台、现场地震监测信息综合平台和显示系统、震后的应急评估、地震的强震动分布图制作，等等。还将该地区不同归属的100多个地震台点统一联网，共享使用。

现场指挥部

4日上午9点，现场指挥部新闻发言人李德贵和张建国同志组织召开第一次发布会，介绍了指挥部的工作和对地方应急工作的建议。云南省地震局局长皇甫岗随省长在龙头山镇，打来电话沟通情况，极震区里电话很难打，要用海事卫星电话，还时断时续。

逐渐了解到，龙头山镇灾害很重，极震区“看上去像到了北川”，房屋连片倒塌，有的一二层房子被压扁了。破坏严重的区域可能包括龙泉村、翠屏村、骡马口村等。现在，进入Ⅷ度以上灾区的救援部队已达到5000人以上，部队带着帐篷、装备、流动医院，连夜徒步赶来，立即投入救援行动。

4日00：30，李省长召开现场会议，露天冒雨开了一个半小时，安排搜救、安抚、医治等工作。省军区司令员统一协调部队、武警、边防部队等，分片包干。国家救援队100人携带装备160余件，搜救犬8条，4日中午到达鲁甸，根据强震动分布图的震害分区，进入极震区龙头山镇展开搜救。

震中烈度明显达到Ⅸ度。当地民房普遍抗震性能差，土坯房基本是粉碎性坍塌。极震区正在修直升机的停机坪。今天，国务院领导要到现场。

地震特点

灾区随处可见的滑坡

推土机在滑坡体上推出临时通道

牛栏江堰塞湖

这次地震是云南14年来的又一次6.5级以上的地震。上次是2000年1月15日楚雄姚安6.5级地震。

鲁甸位于云南省东北部，地质地貌错综复杂，震区50千米半径范围内，有记录的5级及以上的地震有30余次，是地震高活动区。观察这次地震，有如下特点：一是地震持续时间短，与同等震级地震相比烈度偏高、波及范围不是很大。地震持续了约11秒，震中烈度达到Ⅸ度，但Ⅵ度以上的范围仅10350平方千米。而去年7月的甘肃岷县漳县6.6级地震，最高烈度Ⅷ度，Ⅵ度以上范围达1.6万平方千米。二是人口密度大，灾区人口密度每平方米265人，比全省平均值高一倍。大量土木结构的土坯房不抗震，灾害损失严重。三是灾区主要在山区，地质构造复杂，地层破碎，容易引发严重的次生灾害。地震恰逢雨季，滚石、滑坡、泥石流等次生灾害多发。震后几天详查发现，地质灾害隐患点多达1000多处。这些因素都会增加抗震救灾工作的难度。

指挥部灾评组分成27个小组，分别前往鲁甸、昭阳区、巧家县、水富县和会泽县等地开展烈度评定和灾害损失调查工作。

确认断层

4日下午3点，昭通市防震减灾局局长申玻从龙头山镇赶回指挥部，汇报震害。他结合地图给出受灾最重的村镇，初步划出了重灾区的范围，他说："翠屏村、龙井村严重坍塌，倒平了。"

这种墙抬梁的房屋倒塌严重

龙头山镇政府院内的派出所

中国地震台网监测定位的余震活动展布是北西向的，经查，这里有条北西向的潜伏断裂，没有明确的名字，是一条小断裂，被北东向的昭通—鲁甸断裂切断了。这个区域历史上的地震活动大都是北东向的昭通—鲁甸断裂引起的，如2004年和2003年的3次5级以上地震。

8月4日中午，北京，中国地震局监测预报司司长孙建中主持专题会议，研究讨论8月3日6.5级地震的发震构造和命名。从震中位置、地震破裂过程、震源机制解、加速度记录、余震空间分布、现场调查的极震区展布情况，通信基站损坏情况和区域地质资料，遥感影像，1970年以来中小地震分布特征等，对构造进行讨论后认为，鲁甸6.5级地震的发震构造是北北西向的包谷垴—小河断裂，该断裂属于北东向昭通—鲁甸断裂系的次级横向断裂。

交通管制

从鲁甸进入极重灾区只有一条路，就是昭通到巧家的公路。从鲁甸向西走，约十来千米是小寨，小寨到沙坝约十几千米，沙坝有一条通向龙头山镇的乡级路，震后这条路断了，这段8000米的路成为救灾咽喉、生命之路，不能堵塞。特别是去

Ⅷ度以上破坏的几个村子和乐红镇，必须经过龙头山镇才能进去，这条唯一的路地震后断成多截，许多村子里缺乏救援物资，人员待救，伤员待转移出来。

从鲁甸到龙头山镇约30千米。市、县政府都认识到了交通的重要性，所以，实行了严格控制。昭通市副市长何刚就盯在这段路上，来回跑，保证畅通。从鲁甸来的车辆，到小寨乡就不让进了。救援部队在这里下车，跑步进入极震区，其他车辆严格控制，只允许救护车运送伤员，大型机械、运送救灾物资的车辆都限制进入。

灾害严重的乡镇、村组主要有：东江、翠屏、龙头山、火德红、包谷垴、纸厂、新店等。分布呈椭圆形、北西向的这个区域大致有40千米长、20千米宽。这个范围内存在Ⅸ度的区域，具体多大，还需经过几天的现场调查（最终确定是90平方千米）。

有两架直升机在运送伤员。

4日中午12点，在昆明通向昭通的高速路会泽收费站，抗震救灾专用通道被大量社会车辆占据，造成交通拥堵。

《人民日报》消息，公安部交管局启动地震应急Ⅱ级响应，要求云南对昭通通往鲁甸地震灾区的公路全线实施交通管制，确保运送伤员和抗震救灾人员、物资、装备的车辆优先通行，并倡议各车辆服从民警指挥，与救灾无关车辆不要驶往鲁甸。

沙坝到包谷垴乡的路还不通，就是说，昭通至巧家的市县级公路还不通。

保障通信

极震区的通信还能保证通畅。地震前，中国电信在龙头山镇附近做过应急演练，由于遇到泥石流，用于演练的机站没有动。这次地震后正好用上，运上去20桶机油，保证了机站运行。

另外，中国移动、中国电信等企业震后迅速派人携带设备进入灾区。在山头可以看到他们的人员在选择位置，以最快速度，保证信息通畅，服务救灾。

现场指挥

4日中午12：40。国务院总理李克强来到鲁甸地震灾区震中龙头山镇的村口，步行千米进入村子，中国地震局局长陈建民等陪同。在灾区现场会上，总理提出几点要求：要抓住一切有利时机救人；严密防范次生灾害发生；加强救治力量；抓紧做好灾民安置；要坚持统一指挥，做到科学有序；做好恢复生产的准备，着手恢复重建工作。

到4日下午，部队共投入5058人，截至4日晚11点，公安消防部队从废墟中搜救出66人，其中30人生还，疏散转移群众1300余人。此时牛栏江堰塞湖已经形成，最快每小时上涨1.1米。

县指挥部

鲁甸县城的街上，看不出明显受地震影响的痕迹，我们指挥部驻地的楼房发现有轻微的裂缝。

救援队

县指挥部设在政府办公楼里，值班人员介绍说，他们负责协调和联络。如果志愿者来了，他们会介绍给县团委接待；如果是救援队来联系，他们会指导去哪里搜救；如果是赠送物资的，他们也负责登记、联系，介绍他们送到哪里。在指挥中心值班的是县委政法委赛副书记。

救援，IX度区

赛书记说，县委、县政府要求机关干部和乡镇干部下到村里去，今天已经都下去了。值班人员说，上午还能接到村组群众的电话，说有人被压埋，需要救援。下午就没有这样的电话了，说明已经有干部入村，和群众接上头了。

县城开辟了专门搭建帐篷的地方，安置从龙头山镇来到县城的受灾群众，有40多人，估计今天要到80多人，县城有家民营饭店，免费接待从灾区出来的灾民。

震后24小时

震后第一天的应急工作，有几点值得关注。

一是交通管制及时、有力、有效。尽管昆明到昭通的高速路在会泽收费站堵了一段时间，但从鲁甸县城到灾区的路，管制得很及时，特别是从沙坝到龙头山镇的这8000米路，成为救灾咽喉，昭通市一位副市长盯守在这里，严格管控，保证了畅通。

二是干部进村。县里统一做了安排，4号开始县乡两级干部直接下到地震灾区的村组。三是救援物资的运送。由于道路的问题，物资运送显得滞后，有的地方只能靠人拉肩扛，摩托车接力。四是指挥部的设立地点。前方指挥部应设立在交通和通信通畅的地方，便于统一协调指挥。

在晚上的地震系统指挥部会议上，强调大家要注意安全，协调配合。

8月5日　火德红乡

下午，从鲁甸向南，经铁观音村到达火德红乡。这里是Ⅷ度区的边界，在牛栏江的北侧，江南侧是会泽县的纸厂乡。

今年云南已经有4次5级以上的地震了，4月5日永善5.3级，昭通市做规划2亿重建；5月24日、30日德宏州盈江分别发生5.6级和6.1级地震，云南省做了22.7亿的重建规划。

这次鲁甸6.5级地震，由于属乌蒙山贫困地区，震灾较重，由国家发改委做恢复重建规划。

李家山村

鲁甸的山区大都在海拔2000多米，但相对高差大，达千米以上。山多高，农民就住多高，这里靠存蓄雨水生活。从乡到村有土路，从村到组只有山道。

李家山村老屋基组

火德红乡的李家山村有22个组，3000多人。我们看的老屋基组，共35户。地震后，这里的电、水全断了。断水，是指蓄雨水的围塘裂了，水管断了。这里年降雨量达到六七百毫米，但存不住，吃水还是困难。

李家山村反映，下村的干部还没到。昨天（4日）帐篷来了，平均四五户一顶，过几天再搭，政府说保证每户一顶。

李家山村，山上的地裂缝

土坯房严重损坏

村民李世英说，他13岁的女儿李春莲腰被砸伤，抬到公路上，再转送到医院，他所在的小组有8个受伤的。村民李世信告诉我们，父亲在地震中被砸死，母亲受伤，自己伤了头，是房子倒塌砸的。

这里距离震中20千米左右，受到Ⅷ度的破坏。

老屋基组东侧另一山头上的是大坪组，隔山洼与老屋基空中距离不到千米，但看不出明显破坏，没倒房，而老屋基这里破坏严重。老屋基Ⅷ度，大坪Ⅶ度，可能有边坡的放大效应。大坪那边的房子是砖混的，质量较好。

昭通地震局局长申玻（左）与李世英（右）

李世信

李红英

这里的房子是昭通地区民居的代表。土坯墙厚达四五十厘米，房子的结构叫“墙抬梁”，两侧的墙是用土夯成的，侧墙的上部夯成三角形，在墙上搭上木檩，木檩上挂瓦，形成两面坡顶的屋顶，就这么简单。李家村这儿的土坯房约70%以上倒塌。土坯墙倒塌时，形成浓厚的土尘，一些人是被呛窒息而亡的。

老屋基这个组在海拔1600多米的山坡上，分上舍和下舍（社），就是十几户聚集在一起住。群众反映说在上边的上舍还没有工作组的人去，现在帐篷、食品、水都不够。

从李家村望牛栏江的南岸，是会泽县纸厂乡的江边村。据李家村村民说，那边的新发组基本全塌了，死了 6 人，还有叫旱谷底、羊粪田组的灾害也比较重。远看江边村，砖混结构的房子都开裂了。

在老屋基下舍和上舍之间，发现有一弧形的地表裂缝。裂缝延展的很长，说明这里成为潜在的滑坡体，如果下大雨，会形成大的滑坡，因此，在这滑坡体上的住户必须搬迁。

老屋基社的李怀富让我们帮着反映地表裂缝的事。下山后，报告了指挥部。

下山时，遇到两位路边休息的妇女，其中一位叫李红英。她说，对岸会泽县有几十户已经被堰塞湖上涨的水淹了。她家在李家山村的靠近江边的地方，离水面还有三四十米，也要搬走。她哥哥的女儿振丽才 8 岁，上三年级，在去买英语本的路上被滚石砸死，刚处理完后事。她娘家在李家山村的山上，她的两个孩子送到姥姥那里了，她从家里拿一些衣物去娘家。

老屋基组的许多人都疏散安置了，但倒塌的房屋废墟前还有一些人留守，因为死了 3 位老人，棺材停在那里。当地民俗是老人去世，要守几天，不能离开，这些人都是守灵的。地上有许多炮仗的碎屑和纸皮，是昨天放的。

堰塞成湖

从李家山村下山来到牛栏江边。地震时，在巧家县包谷垴乡的红石岩形成了大面积塌方，阻塞了牛栏江河道，形成的天然堤坝厚度近 700 米！因为堰塞湖的影响，水位上涨，通向江边的路已经被淹，路伸进水里。一辆小轿车一半在水里，车身还嵌着一块巨大的落石。水面上看不到江边房屋的屋顶，能看到电线杆有几米露出水面，说明水位上涨至少有十来米。

李家山村江边的路已经被水淹没

在这里遇到长江委上游水文局副局长王世平，他说，他们负责测量库容和堰塞湖坝体的容量，具体的处置方案要由指挥部决定。监测流量由水文局昭通分局负责，主要监测水位上涨的速度、入库水量等，这里的下游 1000 米处就是红石岩水电站。

水利部的工作组也已经到达灾区，在研究导流和处置的方案。从江边盘旋上山，来到火德红镇时，发觉房屋普遍质量好，仅土坯房掉瓦、墙裂，这里定为Ⅶ度区，海拔 2300 米，地图显示火德红镇距离震中 12.1 千米。

8月6日　龙头山镇

上午 8：30，我和云南地震局副局长陈勤等人员进入极震区考察。

刚出鲁甸县城就遇到交通管制，严格验证放行。出城就是山路，不时看到滑坡滚石，十几千米到小寨乡，路上比较通畅。过了小寨，遇到一处塌方，车停了下来，前面有挖掘车辆清理，等了半个小时，道路通了。继续走约十几千米，到了沙坝。从这里下车，开始步行，两侧都是徒步去灾区的志愿者、救援人员和群众等。

小寨乡距离震中 24 千米。经过小寨时看到完全小学，看着似乎没受地震影响，后了解到，小学是经过“校舍安全工程”加固过的。

极震区

从沙坝到龙头山镇有8000米，滚石、滑坡随处可见。

自沙坝下了公路，拐入通向龙头山镇的乡道，经过骡马口社区。这是属于龙头山镇龙泉村的一个社区，距离微观震中仅 7.2 千米，但鉴定为宏观极震区，烈度达到Ⅸ度，房屋倒塌损坏严重。这里是个山中的小坝子。

龙头山镇骡马口社区

穿过骡马口，经过龙泉村的新街。新街两侧是三层的仿古建筑，表面看没有大的损伤，但近看能看到裂缝，里面的裂缝损伤更多。新街房子的结构，可以从一排还没抹灰的三层临街楼看出用

龙头山镇，直升机救援

龙头山镇震害

龙头山镇楼房三层坐为两层

龙头山镇镇委会，只有门楼还在

的是框架结构，显然具备一定的抗震能力。

穿过新街，经过龙头山镇的学校、医院，看到一处较大的空地上，有密集的帐篷群，这是坝子里最大一处灾民安置点，周边停着许多军车，有一块刚清理好的直升机停机坪。今天是大晴天，太阳很晒，但直升机好飞，今天出动了 12 架，在这里起落，运送伤员，运来救灾物品。

老街社区，属于龙头山镇龙泉村，破坏最重。我们看到老街的房子基本损毁，老旧房屋粉碎性坍塌。一些二三层的房子是砖混结构的，但砖砌的柱子里的混凝土芯质量不够，拉筋不够，不抗震。

龙头山镇镇委会所在的院子里，只有挂着政府牌子的大院门柱还立着，墙全塌了。院内计划生育委的三层楼坐成两层，派出所的小楼完全坍塌，6 个人被捂在里面。办公楼的柱子完全歪斜。十四集团军的救援队员在废墟中搜救，从这里往坡下望，还有许多部队战士帮老乡在倒塌房屋里找东西、搬东西。老街一座三层楼的第一层完全被压没了，只在离地一尺的地方看到门框上的对联横批，写着“百年好合”。

从这里看坡下面，倒塌的民房很多，但倒塌民房旁边在建的一栋建筑，大概三层吧，刚建好的框架看上去一点儿也没损坏。

在这里遇到十四集团军工兵团的副团长陈代容大校，他是十七大代表，全军排雷英雄。他带了71名队员到灾区搜救，其中5名女队员。在国家救援队驻地，见到三十八集团军副参谋长付小光和工兵团团长霍树峰，他们的队伍昨天找到了十几具尸体，今天老乡提供了两个还有生命迹象的线索。

下午5点，国家救援队传来消息：在银屏村废墟中救出1名被压埋68小时的幸存者，并徒步行进13千米将其转移到120急救中心；在墨草湾村解救1名因受伤无法行动的伤员，并移交后方医院；共发现11名遇难者遗体，并妥善处理。这次救援，利用专业技术，国家救援队在复杂条件下找到并救出了3名幸存者。

十四集团军工兵团副团长陈代容（左二）

下午，此次地震的烈度图基本完成了，并征求四川、贵州和云南省政府的意见，晚上正式报往中国地震局总指挥部。

8月7日　新闻发布

国家救援队队长霍树峰（左）、作者（中）、三十八军副参谋长付小光（右）

上午9：30，云南地震局皇甫岗、张建国、安晓文三位同志参加了省指挥部安排的新闻发布会，解读刚公布的“鲁甸6.5级地震烈度图”。

下午，中央电视台新闻频道由播音员播出并解读这次地震的烈度图，《人民日报》、新华社、《云南日报》等多家媒体报道。地震之后，地震现场工作队克服各种困难，几天内深入400多个受灾点实地考察，昼夜工作、争分夺秒，得到烈度分布的结果。这张图对指导搜救行动、安置受灾群众、评估灾害损失以及恢复重建工作都有重要意义，是这些工作的前期基础。

云南省地震局局长皇甫岗考察灾情

晚上，民政部副部长姜力来到地震局指挥部了解情况，并代表国务院工作组对大家表示慰问。今天下午，云南省省委书记秦光荣也看望了省指挥部地震监测评估组。

从省指挥部了解到，6 日下午 5 点，地震 72 小时刚过，李克强总理通过省委书记秦光荣了解情况，对进一步做好工作提出三个确保：一要确保生命不息救援不止，抢救生命第一位，切实加强医疗救治工作。二要确保做好次生灾害的预警、排险、救援工作，稳妥处置堰塞湖，确保下游安全。三要做好后勤保障，中央在紧急投放 6 个亿的基础上，再增加一些应急资金。

8 月 8 日　会泽县纸厂乡

纸厂乡灾害

今天去曲靖会泽县纸厂乡查看灾情。会泽地处乌蒙山脉，山高谷深，据说有对面看得清、说话喊得见、见面需两天的独特景致。

会泽县纸厂乡江边村震害

从鲁甸坝子出发，盘旋下行，过牛栏江老桥，江的南岸就是会泽县。沿着县级公路转入乡级公路，上山又下山，最后是一段连续“之”字形的下降，我们来到这次会泽县内受地震灾害最重的乡——纸厂乡。

纸厂乡政府所在地为Ⅶ度烈度区。乡政府的三层框架楼房出现裂缝。曲靖市地震局局长太月娥在这里等我们。太局长说，曲靖市地震后成立了指挥部，设在纸厂乡，市长任组长，军分区司令任副组长，下设 14 个组。地震发生后，曲靖地震局立即利用地震虚拟台网向市政府报告，并立即派副局长付新平带 4 个人去江边村查勘灾情。经查，Ⅷ度区涉及到会泽县纸厂乡的部分村社。

纸厂乡的罗别古小学就在乡政府旁边，这里是Ⅷ度区。其中一栋楼是 2010 年防震校安工程时建的，框架结构，除墙和柱的连接部位有裂缝外，无大碍，属于破坏可修。魏立平校长介绍，学校的宿舍和另一栋楼是砖混结构，被鉴定为 D 级，就是没有加固价值、等着拆除重建的，但这栋砖混楼在地震中却没什么损坏。据省地震局安晓文解释，现场勘查时有这样的现象：砖混结构的楼房，砖墙是承重的，在受到地震烈度Ⅵ~Ⅶ度影响时，并未出现较大破坏；反而是框架结构的楼房，会在框架和填充墙结合部位有垂直的裂缝。如果在Ⅶ~Ⅷ度，甚至更高烈度的影响下，框架结构就显得很抗震，而砖混结构会出现砖墙上的“X”形裂缝，遭到破坏。

山区的公路一般修到乡，从乡到村都是土路，有的地段铺些沙石，基本是晴天一身土，雨天一身泥。土路到村，从村到山上的各组，就都是双脚走出来的路，好些路仅可单向通车，当地人有点条件的常用摩托车。我们从乡所在地，盘旋下坡，走了约十几千米，直到谷底，接近牛栏江。当地人在震后总结发现，山梁上灾害重，山窝里的灾害轻些。

江边村

从纸厂乡到江边村有13千米。顾名思义，江边村村委会是这一带海拔最低的村委会，有11个组，这次地震破坏的烈度是Ⅷ度。

去江边村必经焉家村，这村有3个组被淹。8月6日14点统计，焉家村淹了1350亩地，92户368间房；江边村5个组、龙高村2个组、大石板村3个组被淹。总共有3个村10个小组受灾。目前牛栏江的水位是1174米，而堰塞湖堆积的坝高是1216米，二者还有四十几米的高差。江水现在以每小时8.4厘米的速度上涨，涨速减缓。

焉家村的房子修在山坡路边，一步就可以跨上屋顶。屋顶是平的，四周围起高三四十厘米的围挡，可以存水、晒谷。从屋顶上可以看到堰塞湖涨水的情景，也可以看到牛栏江上游。堰塞湖使水面抬高很多，水面上微露着片片屋顶和像灌木丛一样的树冠。电线杆只露个头，电线浸泡在水里，江面漂浮着许多杂物。向上游看去，对岸远处的公路，伸到水面就断了，被水淹了。江的对岸，是鲁甸县的火德红乡，前两天去过，也是重灾区。

江边村的卫生院是砖混的平房，就在路边，墙体裂缝很多，呈有明显的“X”形。右图中这堵墙的方向，正是北北西方向，直指震中，大约18千米。和这堵墙垂直的墙就没有如此明显裂缝。

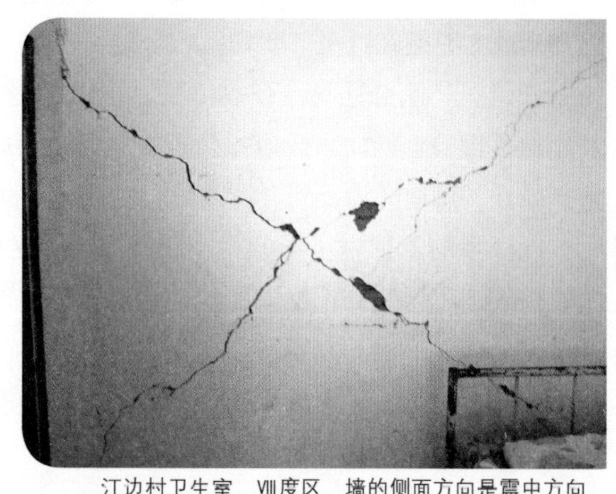

江边村卫生室，Ⅷ度区，墙的侧面方向是震中方向

会泽县死亡12人，包括新发组6人，另一个小组旱谷地死亡5人，羊粪田组1人。江边村的新发组村民唐耀明带我们考察。崔其平家的土坯房全部倒塌，压死1头牛，还埋在里面没挖出来，天气正热，废墟气味难闻。新发组的崔级顺在纸厂乡打工，媳妇和4个孩子留守在家，最小的孩子才8个月。地震时媳妇在摘花椒回家的路上被砸死了。他拿出刚发的绿色小本，是火化证。凭这个可以领到3.5万元抚恤金，其中国家给2万元，昆明的会泽商会会长给遇难人的家属1万元，还有一家私人企业提供的赞助5000元。唐耀明带我们来到他弟弟家，房子倒塌，已经是断壁残垣，这里3家房子连着，都倒了，埋了5个人。

新发组崔其平家

昨天，龙头镇龙泉村干家寨发现一大滑坡体，埋了55人，十四集团军的工兵团副团长陈代荣7日早晨带队伍去那里搜救，到现在已经找到13具遗体。塌方量很大，约1700万方土，整体移位，掩埋整个村寨，埋得很深，昨天气温40℃。

8月9日　乐红镇

乐红镇是鲁甸县最远的一个镇，地震后道路中断，成为孤岛，昨天刚打通。今天去乐红镇考察。

救灾要道

出鲁甸县，过检查站，过小寨乡，到沙坝村，下了昭巧公路。和5日来龙头山镇时不同，今天车辆已经可以通行了。龙泉河上架了临时铁桥，这桥是通往龙头山镇的必经之路，所以专门派战士站岗。经过骡马口，过了河，过龙泉村的新街、老街。老街震害最严重，到处有救援队员的身影。龙泉中学成了救灾的指挥部。中学外面的空场

龙泉河上的临时铁桥是通向龙头山镇的咽喉通道

龙头山镇的安置点

龙头山镇中心小学

是直升机停机坪，前两天一直在起降直升机，运走伤员、运来食品和救灾物资。今天，直升机坪已经被占用作为帐篷营地，因为道路已通，这里不需要直升机运输了。前天看到，龙泉河边的几片葡萄园也正被推土机铲平，准备作为临时帐篷集中安置点，可见山区平地多紧缺、多宝贵。空地旁边是龙头山镇中心小学，受灾很重，一栋旧楼的半边矬没了一层，三层变两层，一、二两层挤到了一起。

在老街的尽头，是拐上山去的乡路，通往翠屏村和乐红镇。地震后，老街拐弯处被滑坡阻断，而且，从这里向上的这条路，通到乐红镇的最北端村子时是断头的，只能原路返回。所以，这条路所通达的村镇在震后成了孤岛。今天才凑合着打通，可以通车了。

从老街上山的这段路，拐个硬弯儿，折了几乎 180°，还有 20° 的坡，拐过去就沿着山道前行。路在山上盘旋，又遇到几处刚清理过的滚石、滑坡的地方，行驶了十几千米，来到龙头山镇的翠屏村。

盘山路被滚石阻断

翠屏村有新街也有老街，老街有百多年的历史了，但房子破旧的不成样子，从木结构可以看出老来。在翠屏村外，遇到新的塌方，几米见方的大石头好几块，堵塞了道路，此路不通。看着坡下的盘旋道，干着急没辙。昭通局的书记老铁去打听，了解到：从翠屏村里还有一条“村道”，可以绕过这段断路，接到前面的路上去。于是，越野车进村。村路很窄，很难错车，和对面回来的部队的车相遇，费很大劲才错过去。错车时，遇到总参戚副总长也在率队步行，知道我们是地震局的，表示鼓励和慰问。出村，再回到乡路上，继续驶上一段平整的柏油路。虽然途中又遇几处塌方，不时从刚落下不久的大小石块旁穿行，但总算有惊无险，从翠屏又走了十几千米山道，来到这条路的终点——乐红镇。

乐红镇

乐红镇，海拔2000多米。

昭通市的人大副主任陶天蓉地震后来这里蹲点，5号她就到了这里。由于道路不通，她和助手从龙头山镇爬山到翠屏，打电话让镇长派微型车去接，走一段，坐一段，辗转到达乐红镇，协助镇工作组做抗震救灾工作。

镇长张荣介绍说，全镇有8个村，190个小组，7782户，34570人，分布在海拔770～3200米的高程范围内。面积有127平方千米。从乐红镇到最远的村子开车要一个半小时才到。镇里有10万亩核桃，2万亩花椒。种植成本和运费都比较高。全镇的农民年人均收入3000多元。

乐红的花椒很有名

震后乐红镇和外界的交通中断了，镇上手机是通的。地震后乐红镇成立驻村组，分了8个小组，一共五六十人，包括乡村两级的干部。下村工作组的主要任务，一是发现人员受伤的抓紧送治；二是查看房屋不能住的通知撤离；三是统计地震损失灾情。

乐红镇受灾最重的有官寨村、对竹村、乐红村等几个村，对竹村的破坏程度定为Ⅷ度，个别点位比Ⅷ度还重些。乐红镇有1人死亡，是一位36岁的妇女，在田里被落石砸中。对竹村有66人受伤，都由镇卫生院就地救治。全镇倒塌房屋359户，都是土坯房，遭严重破坏的有1884户。对竹村的杨家湾社有50户人家，其中40户房屋都不能居住了。镇长张荣说，现在最需要的是帐篷、彩条布和大米。

从龙头山镇到乐红镇的公路8号才修通。前几天主要是物资供应不上，直升机空投了几次，有10顶帐篷。十四集团军下达命令，要抓紧运物资进来。地震后，道路不通，镇工作队的保通组派了50个人，乘车走路带翻山，赶到龙头山镇，领到三色布，运了两次、243卷回来。8号又派出人从水磨乡的小路出去，运回约两车的汽油。

张镇长和陶主任说，少数群众有些情绪：电视上怎么看不到我们受灾的镜头，帐篷、彩布为什么没有，工作组为啥没到每一户（镇工作队包括镇工作人员和各村的干部，有的是村干部入户）？所以，要多做宣传，做好解释工作。陶主任说，由于交通中断，宣传媒体、救灾物资到位都需要几天，需要做好解释，入村的干部发挥作用很重要。

昭通市人大副主任陶天蓉

乐红镇纪委书记张海云说到牛栏江堰塞湖的事。5号接到通知，注意防范牛栏江红石岩堰塞湖泄水的影响。在乐红镇，江水下泄会影响到4个自然村。5号做工作，6号让可能受淹的群众搬出来，共306人，7号、8号都没泄洪，不知道什么时候泄洪。群众不知道什么时候水下来，情绪有些紧张（10号上午，把这个意见转告水利部工作组和省指挥部）。

乐红镇镇长张荣

镇长张荣说，8号路通了，今天开始将运来最需要的帐篷、三色布和大米。今天预计运来800顶帐篷。

地震后，乐红镇通往各村的路多数都被滚石、滑坡阻断了，这几天都是乡和村两级政府组织抢修的。在当地的企业，如昊龙集团也积极参与救灾，出油，出机械，帮助抢通道路。道路清理都由镇工作组的保通组负责。从乐红镇到翠屏村的这段二十几千米的路，都是乐红镇组织抢通的。这里地质灾害隐患很多，省市国土部门有人在这里排查。

乡镇的基层工作依靠村两委，即村总支委员会和村民委员会。这里的管理层级是，乡镇，村，自然村或村民小组。通过这个体系，情况收集、灾情统计得都很快。

对竹村

在镇政府吃了口饭。下午1点多，我们到村里看灾情。

对竹村的白龙庙自然村，离镇政府有几千米路。村子的农民居住点呈垂直分布，从海拔700多米的牛栏江边到2100多米的山顶，村民的房子分布在山的不同高度上，到谁家去都要爬上爬下。

这里植被丰富，层峦叠嶂，风景优美，负氧离子充足，有一种国家保护的珍稀树种——黄杉树，全国只有两个地方有。这里其实是个非常好的风景区，只因交通不便，养在深闺人未识。

对竹村有25个组，4247人，980户。距离震中10千米，大致在Ⅷ度区，有80%的土坯房倒塌。好在虽几十人受伤，但无人死亡。陪我们查看灾情的有对竹村村委会副主任王金健。村里的杨开英老人，73岁，和一个“憨脑”儿子生活，孙子在旁边住，土坯房子全塌了。地震让当地群众知道了这种祖祖辈辈用下来的土坯房是完全不抗震的，厚重的土坯墙地震时更具危险。政府会对受灾群众恢复重建住房有资金和技术上的扶持和指导，重建就建抗震房。

杨开英老人：家破了，怎么办

交通管控

下午3点多，沿来路往回走。在翠屏老街细看百年老房。老街上有八九十户，大部分搬走了，到新街去了。

在翠屏村遇到堵车。看到翠屏办事处门前正在发放救援物资，主要有帐篷和彩布。翠屏村是Ⅸ度区，翠屏小学院内三层的旧砖混楼房，一层的砖墙几乎酥了。这条通往乐红镇的路8号刚打通，今天急着送帐篷进山。交通管制虽然严格，仍然需要注意的是，应该及时了解路况，特别是刚修好的关键路段，适合什么样的车型通过，要心中有数，在交通检查站那里对放入的车型要有要求。

在翠屏村口，运送帐篷的军用大车无论如何也拐不过这个弯来，七八辆车依次堵在那里，对面的更过不来。这说明对路况不明，是应该提醒注意的。此时也没有专门疏导的人员，还是我们队里的皇甫岗同志带人疏导，使军车退到翠屏村口一片画有直升机停机标志的空地上，让开道路，就地卸货，另做打算。后来这批帐篷交给翠屏村，乐红镇今天是拿不到了。

这给保障交通的工作提个醒，不仅实行交通管制，还要了解路况、监督路况，对一些滑坡、滚石点、狭窄位置等，要有所了解，对什么车能通过应心中有数。

翠屏救援

翠屏村口

下午4点，在翠屏村口等候通车的这段时间，遇到鲁甸县副县长杨科，他在翠屏村蹲点。翠屏村属于龙头山镇，地震后，县领导分头下到极重区的村子，杨科带领5个委办局共80多人进驻翠屏村，3号晚上就到这里了，是从沙坝走过来的，要爬山越岭地走十几千米。翠屏村有1510多户6019人，死亡30人，重伤85人，轻伤315人。

这里是重灾区，所以驻村工作组最初任务是尽快组建医疗点，及时医治伤病人员。他们分成3个小组，一组负责接收伤病员，二组负责医疗处置，三组负责安排重伤员的转移。4号，也就是第二天，在3个组的基础上扩展到9个组，包括临时看护伤员，遗体看护，以及群众生活安置、治安等。

翠屏村民领取救灾物资

地震后，翠屏村的通信是通的，电、水都断了，路也断了，去不了龙头山镇，成为孤岛。4号的中午，就有救援队翻山越岭地进村了。靠飞机、摩托、徒步等多种方式，到5号开始有救灾物资进来，两天后，废墟搜救、转运伤员、接收物资、分发物资、安抚群众等工作依次展开。

由于道路不通，第一批运送物资的是直升机。翠屏村口原有一块平地，请部队又修整一下，用白灰做一个标准的停机标识。5号这天来了两次，运来的是水和方便面。路不通时，派人经水磨镇的小路，可以走越野车，运来10吨米和2吨油。

翠屏村有25个小组。杨科说，现在最需要的是帐篷，争取户均一顶。今天早上开始，请驻村的武警曲靖支队80人组成24个小分队到各个组，运帐篷，搭帐篷。

龙头山镇到翠屏村，上山的地方地震时垮塌，刚修好。下山时俯瞰龙头山镇震

震后的龙头山镇

后全景。镇上虽废墟处处，但废墟中间的一些框架结构的楼房，损失不大。镇政府位于重灾区内，除了门楼，其他房屋或塌或损，镇政府的红旗依然飘扬。

救灾抒怀

参加地震现场工作的成员以云南地震局为主，少数来自中国地震局所属各省局、单位。这些同志大都具有丰富的地震应急工作经验。在每次地震现场，在急难险重的任务面前，总会出现他们的身影。仅举两例：

地震后，从龙头山镇去翠屏村的路不通了，多处坍塌。为深入到山里查看灾情，浙江局的叶建青和云南局的何加其，徒步翻山到银屏、西坪村。途中或搭摩托，或徒步攀爬，为按时完成任务，不好意思吃老乡的救灾饭，找土豆充饥，露宿银屏村街头。回到指挥部时，我看到他们身上的汗碱已经干湿了好几层。

来自新疆局的应急处处长宋立军，每次大震现场都看得到他，每次工作之后，都要反思一二。这次，他在“应急微信群”里写道：“人生，需要沉淀，更需要历练，要有时间去反思，也要有足够的阅历去成长，这样才能让自己变得更完美、成熟和睿智。做人要做得多，要得少。”这是经历地震现场的困难与危险挑战之后的感悟。

云南地震局局长皇甫岗跟我说，看到地震后这么多直升机起落、参与救援时，切实感受到国家真是强大了，以前救灾没这么大阵势；但是想到地震死那么多的人（617 人死亡、112 人失踪），觉得强大得还远远不够。

经历地震现场工作的同事，都有着许多相同的感受，为了灾区群众的安危，为了防震减灾的工作和事业，能够有机会做奉献真是幸运的事。

救灾思考

在龙头山、火德红、乐红镇考察灾情时，想到了救灾过程中几点突出的印象。

一是地震之后的救灾行动，体现了政府集中力量办大事的能力和优势。地震后要尽快安排干部下乡进村。我国的行政管理体系，从县到乡镇到村到组，到社会组织的最终端末梢，都可以统一联系、管理起来。现在通信发达，可以利用电话、微信、短信等多种方式，很快组织救灾，统计灾情，落实需要，建立政府和受灾群众的联系，科学施救，有序应对。

二是地震之后，由于交通等问题的影响，震后有几天的磨合期，是正常的，是可以理解的。工作组一到位，群众就可以稳定了，工作组可以协调救灾的所有事情。所以，震后少数群众出现一些情绪，误会、急躁都可以理解。一般 3 天后会好转。

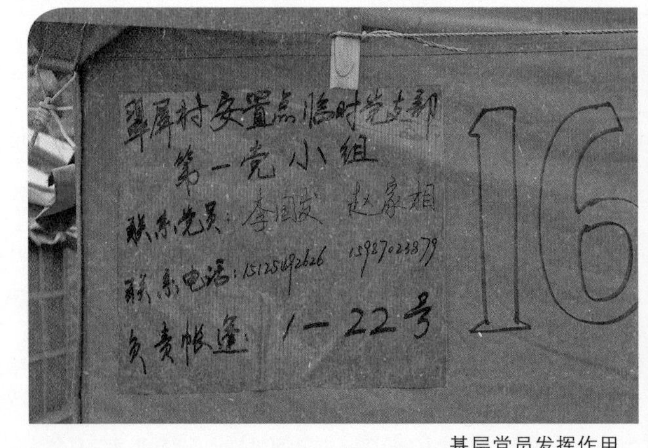

基层党员发挥作用

三是要加强对群众的教育和宣传。政府主导救灾，应急救援，做好临时安置和过渡安置。在重建阶段，主要是提倡自力更生、重建家园的精神。党和政府强调以人为本，灾后会采取各种措施，保证灾民生活的基本条件。政府主要是落实社会保障，对那些老弱病残，没有能力的人要扶助，而对受灾群众的恢复重建是帮助和支持，政策毕竟有限，难以包揽。

四是灾区的交通管制，还要考虑得更加细致周全。现在震后立即施行交通管制的做法已经比较到位，应该进一步落实对路况关键地段的监控，特别是掌握道路对通行什么车辆的限制和要求，这样才能确保道路的通畅。至少要安排人员值守，一般灾区在路况不好的山区，震时和震后经常会有滑坡、滚石，为保畅通，实时监视就显得尤为必要。

8月10日　鲁甸县城

鲁甸街头的雕塑

在鲁甸县城主要街道的道路中心，有一座雕塑。是四只巨手，撑起一个断裂的方框。问了几个人何意，大都语焉不详。此时，我倒愿意理解为举全县之力，共同抗震救灾，撑起我们遭受地震破坏的家园。

今天是地震后的第7天，按照习俗，要祭奠遇难的同胞们。上午10点，我和民政部姜力、水利部刘宁等同志，参加了省委、省政府的祭奠活动。活动简单、肃穆而庄重。默哀3分钟后，献上一枝纯洁的菊花，表达对逝者的怀念和哀思。

震后7天，搜救工作基本告一段落，灾区工作将重点转入受灾群众的过渡安置、恢复生产生活、研究重建规划阶段。党中央、国务院、省委、省政府在其后的几天内都召开了专门会议，研究灾区救灾和重建工作。地震是坏事，但也是改变贫穷地区面貌的机会。相信在党和国家的关心支持下，作为国家级贫困地区之一的乌蒙山区，会借恢复重建之机，加快脱贫致富的前进步伐。

灾区10日，感受很多。在此以日志形式反映救灾活动的片段，主要想为关心灾区的读者提供一些立体影像。救灾工作内容丰富，本文难以全面反映，只是以地震现场工作队员的角度做些零星素描，以飨读者。

2014年8月24日

鲁甸应急

——云南鲁甸 6.5 级地震现场的几点思考

2014 年 8 月 3 日 16：30，云南昭通市鲁甸县（北纬 27.1°，东经 103.3°）发生 6.5 级地震。据云南省政府 14 日统计，此次地震造成 617 人死亡，112 人失踪，3143 人受伤，25.4 万人紧急转移安置。有 2.72 万户、8.55 万间房屋倒塌，4.36 万户、12.91 万间房屋严重损坏。地震的极震区达到Ⅸ度，Ⅵ度以上的范围达 10350 平方千米。地震后，探查到新旧地质次生灾害隐患点达千余处，山崖崩塌堵塞河道，形成牛栏江上堰塞湖。这是云南省 14 年来发生的震级最高的一次地震。

这次地震有几个特点。一是震源浅、持续时间短、破坏力强。震源深度 12 千米，震中烈度达到Ⅸ度，Ⅸ度的范围 90 平方千米，能量衰减得很快，持续时间不长，只有 11 秒，像一个重锤短促地狠砸一下，使得震中烈度偏高。二是抗震能力弱，受灾程度深。

地震波及昭通、曲靖两市的5个县区、70个乡镇。这个地区人口密度大，是全省平均水平的两倍。这里是山区，土木结构、土坯房居多，不抗震，所以倒塌、损毁严重，死亡人数偏高。三是次生灾害严重，救援难度大。灾区地形地貌复杂，地质结构脆弱，属于地质灾害重点防治区，又逢雨季，地震引发大面积的滑坡、崩塌、滚石，对救灾影响很大。

地震发生后，在党中央、国务院领导下，由省委、省政府统一指挥，有序地开展抗震救灾工作。10天左右，伤员全部得到医治，受灾群众得到妥善安置，通路、通水、通信、供水、供电基本恢复。总体看，灾区人心安定，社会稳定，抗震救灾工作取得阶段性成果。

8月3日下午地震发生后，笔者于4日凌晨赶到灾区，参加抗震救灾，经历了这个重要的过程。对于抗震救灾的行动、成果、经验，会有各级政府、部门、单位认真总结。笔者仅就应急管理方面的一些好的做法，和今后应该进一步加强的薄弱环节，做一些思考，以便积累经验，为今后的地震应急提供借鉴。

结合2013年4月四川芦山7.0级地震和7月甘肃岷县漳县6.6级地震后的应急工作，这次地震应对，进一步观察看到在应急处置方面有以下几个突出特点。

发挥管理体制在应急救灾中的巨大优势

这次鲁甸地震的应急行动，再次凸显了我们国家管理体制在应急处置方面的巨大优势。

多次地震应急经验表明，地震之后的一个重要措施是派干部下到最基层，协助、指导、监督基层做好各项应急救援和安置工作。

鲁甸6.5级地震发生后，市县两级党委、政府要求干部下基层。昭通的市级领导，党委、政府、人大、政协四套班子成员，分别下到鲁甸县重灾区的乡镇，指导工作。乡镇组成救灾工作队，统一组织领导救灾行动。笔者在9日道路刚打通时来到鲁甸县最远的乐红镇，见到昭通市人大副主任陶天蓉。地震次日，她就往乐红镇赶，从龙头山镇到乐红镇唯一的一条路已经被滑坡、滚石切断好几截，她和助手是翻山越岭再搭车过来的。乡镇和各村干部组成若干工作组，负责道路保通、灾民安置、物资调运、伤员转移，等等。

作者和昭通市人大副主任陶天蓉（左）、乐红镇镇长张荣（中）谈灾情

在龙头山镇的翠屏村口，见到了鲁甸县副县长杨科。鲁甸县的四套班子成员，除了在家主持抗震救灾工作的外，其他人都下到极震区的村子，指导工作。杨科也是翻山来到震后孤岛翠屏村的，前几天不通车，他是带着县直5个委办局的人来的，几十个人协助村委会临时安置伤员、安放遗体、开辟直升机停机坪等，很快使得各项救灾工作有序开展。

市级领导到乡、县级领导到村，各乡镇、村都有救灾领导组织，通过行政管理体系，很快地，每个村子、每个小组，都有工作组的人到位。

这次地震后，通信很快就得到恢复。极震区龙头山镇本来通信设施遭到破坏，可是中国移动在震前恰好在这里搞应急演练，由于滑坡阻路还没将移动通信设备移走，地震后正好发挥作用。所以，极震区的通信很快就恢复了。

鲁甸龙头山镇极震区，烈度Ⅸ度

工作组到位、通信恢复、再保障道路通畅，有这三条，就基本能够保证救灾行动的有序进行。

鲁甸县属于乌蒙山区，虽山高谷深，但处于川滇黔交界、交通要道，开发较早，人口密度很大。山多高，农民居住点就有多高，这也是当地环境条件决定的。每个村子分了10～20多个社组，每个组有10户、20户的，居住在一块儿，每个组相隔一定的距离，分布在山上、山下，像乐红镇的对竹村，从牛栏江边，到高高山顶，各组散布在大山不同的高度上。地震后，有的村与乡、村与组之间的路都断了，所以，工作组没能及时过去，过了两天，就都到位了。

龙头山镇镇政府的门楼还站着

工作组到位，群众的心就定。群众的需求通过工作组的统计调查，逐级报送上去，市县指挥部根据需求调运救灾物资。比如，开始几天，需要的物资主要是帐篷、彩条布和大米。需要救援队搜救的，很多都是由群众提供线索，由救援队赶去搜索救援。

纵观这次震后情形，没出现群众明显不满，有些边缘村组，工作组和救援队没及时到，是道路阻隔所致。

导致行动迟缓和不利的主要是道路交通。地震极震区在龙头山镇，而从省道通往灾区的这条路震后有多处塌方，省长李纪恒率省直队伍是从沙坝步行7000米进入龙头山镇的。而从龙头山镇去乐红镇，以及去翠屏、银屏、八宝、新坪等村，只有一条路，这条路也是断为多截，许多地方滚石巨大，清理很困难。地震后几天使得几个乡镇和村子成为“孤岛”。这种情况影响了救灾。好在地震后的几天，没下大雨，利用天气晴好的机会，派遣十几架直升飞机，空运物资、运回伤员，发挥了非常大的作用。

所以说，震后尽快派市县两级领导和直属机关干部下到乡镇、村组基层，协助基层干部抗震救灾，是非常有效的经验和措施。一是使得抗震救灾工作耳聪目明，对基层的情况摸得清楚，对灾情和救灾需求能够及时掌握，及时上报；二是让村组群众踏实，感受到政府的直接关怀和帮助；三是让基层干部得到直接的指导和支持，形成合力，在特殊时期开展工作更加有力度、有效率。

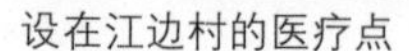
设在江边村的医疗点

基层组织行为

震后尽快使工作组到位，等于迅速布置了应急管理的巨大网络，涵盖所有社会角落，能够切实保证救灾工作顺利进行。这条经验必须坚持。

关于震后的应急指挥

8月3日下午4：30地震之后，云南省省长带120多人乘飞机到达昭通，换乘汽车赶往极重灾区龙头山镇，到沙坝后步行赶到龙头山镇街里，夜里冒雨露天开指挥部会议，部署工作。次日4号，李克强总理中午到达灾区视察，部署救灾工作，下午离开。省长率指挥部成员继续在极重灾区工作，和灾区群众在一起。6日下午在镇上开会，根据工作需要决定省前方指挥部转移到鲁甸县城。及时转换，从应急管理的角度说，无疑是正确的决定。

领导深入极震区，和群众同甘共苦，能让群众直接感受到党和政府的关心关怀，起到了很好的示范带头作用。在困难面前，群众看到有领导在，更增加了克服困难的信心。由于极震区通信不便，前两天仅靠几部海事卫星电话沟通联络，再加上道路交通受阻，指挥部在龙头山镇指挥遇到诸多的困难，所以，适时地转移总指挥部到县城，是非常必要的。省指挥部设在鲁甸县城，通信完好，交通方便，更便于指挥。

废墟上的救援

所有参与救援的解放军、武警部队和其他救援队，一律到省市联合指挥部报到，由副总指挥、省军区司令员统一调动，按照地震局提供的强震动分布图（救援指导图），部署救援力量，各自克服困难，到达指定的目标，去完成救援任务。这样可以不留死角，不重复搜救，兵力分布合理。指挥部实行了自有地震应急救援行动以来最严厉的交通管制措施，通行证经常更换，有时甚至是部队执行交通管制任务，才切实保证了边修复边坍塌的这条脆弱的生命线道路的通畅。

6号以后，设在县城国税局楼里的省总指挥部统一协调指挥，使得各项救灾行动有条不紊地进行。

这次地震后，提供了一条经验是，省市设立的前方指挥部，一定要保证交通和通讯的方便，如果不方便就及时调整转移，这样更有利于整体上的协调指挥。

2013 年 4 月 22 日四川芦山 7.0 级地震时，省指挥部设在芦山县城；2013 年 7 月 20 日甘肃岷县漳县 6.6 级地震时，设在岷县县城；这次，2014 年 8 月 3 日鲁甸 6.5 级地震，指挥部设在鲁甸县城。曲靖市因其受灾较重的只是一个乡——纸厂乡，所以市指挥部直接设在乡政府。

省前方指挥部要设在交通和通讯方便的位置，根据条件适时转移，更利于把握全局，协调指挥。这条经验，在这次鲁甸地震应急处置中给我们的印象更加深刻。

关于震后交通保障问题

震后立即实施交通管制，已经成为共识，这次地震也是，实行了严格的交通管制。开始是公安交通部门，后来是部队参与管制，通行证也经常更换，从昭通市去鲁甸方向的公路很快实行管制，严格限制去灾区的车辆。这些措施都是应该的、必要的。

发现存在的问题是什么呢？

交通管制只是第一步，还应该有第二步，即实施具体的管理措施，目的是确保道路通畅。也就是说，出现任何影响通畅的问题都要关注、处理，而不仅关注管制。比如，应该对关键、复杂的道路，有专门小组监控，了解几处可能出问题的路段，如塌方、滑坡、急转弯、陡坡等路况，要了解这条路适合什么样的车型进入，安排人员在关键的部位值班、疏导，保证通畅。否则，“确保通畅”这句话就容易落空。而这第二步，需要引起高度注意。

比如，从龙头山镇到乐红镇只有一条断头路，地震之后，这条路有多处塌方、滑坡，被阻断，这条路经过的龙头山镇

翠屏村到乐红镇的路断了

翠屏村、乐红镇都成为了“孤岛”。救援物资开始只能通过直升机运送。8 号道路基本抢通了，可以通车了，乐红镇也得到消息，9 号将运进 800 顶帐篷。我们是 9 号进到乐红镇考察灾情的，所以，了解道路的情况。道路虽打通了，但很脆弱，多处有滑坡、滚石的威胁，但一路上没有人值班、疏导。来往的车辆，在一些地段错车时很难，特别是在通往乐红镇的乡级公路上，翠屏村外的一处大的塌方没有打通，需要从翠屏村里的土路绕到乡级公路上去。在这条土路上错车很难，可是没人管理。快到乐红镇时，还有几处危险的滑坡体，上边的悬石挂在山上，如遇余震，甚是危险。也可能是刚通，车辆还不多，如果车辆多了，肯定要堵。

“免费乘坐”

下午 4 点，我们回来时，遇到几辆军车，装满帐篷，要送往乐红镇，在翠屏村口有一处拐弯角度很大，这些军车根本拐不过来。结果车都堵在那里，还是我们同行的皇甫岗同志疏导，引导军车退到一处空地，把东西卸下来，以不影响道路畅通。

所以，我们认为道路管制是一方面，还要对重要的道路实行监控和管理，有条件的可以用遥感卫星、小飞机侦查，起码也要组织沿线的乡镇派人对重点道路监视和疏导。如果对能通什么车型有了解，在管制关卡处，就可以拦住那些虽然理由充分可以通过、实际上路况不允许的车辆。

这都是保障交通通畅的措施，只有想得细、做得实，才能够达到“确保畅通”的要求，否则，领导再强调也是空话。

总之，这第三条经验教训是，交通不仅应该管制，还应该采取必要措施保障道路的畅通。比如，监控关键路段，了解适合什么车辆通过，派人在关键部位执勤、疏导、监视滑坡和滚石，等等。

救灾捐助和志愿者

这次的捐助捐赠活动也组织得有一些特点。凡是运到灾区的物资，都先到市或县的指挥部登记，由指挥部登记造册后再告诉你怎么办，是送往集中地点还是直接送到灾区。因为交通管制，送物资的车辆要办理通行证，这样就很有秩序。各组织、各单位，也不搞轰轰烈烈的“有组织的”捐赠活动，而是摆放捐助箱，大家真正自觉自愿，不搞摊派。

对志愿者的组织和引导，这次也吸取了以往的一些经验。由于实行比较严格的交通管制，地震后不久，志愿者的车辆就难以自行进入灾区了，开始是从鲁甸县城启动管制，后来从昭通市去鲁甸的路上就开始有管制措施。这样，一定程度上缓解了交通压力，保证道路通行。由于车辆难行，一些志愿者就弃车步行，而步行进入是允许的。一些志愿者，冒着滑坡、滚石的危险，从龙头山镇起步，翻山越岭进入灾区“孤岛”，帮助救灾。

路断了，志愿者翻山赶往翠屏村

在县城，志愿者到县指挥部询问时，他们会被介绍到县团委的志愿者服务站，那里会接待和做出一些安排。另外，像昊龙集团等当地较大的企业，也设立了志愿者服务站，接待并服务志愿者，协助安排他们进入灾区。

所以，这次对捐赠活动和志愿者的组织引导，都比以往破坏性地震发生后现场所做的好得多，有序得多。进入沙坝以里极震灾区的志愿者，也克服了很大的困难，如天热、路难走，山区危险、食宿条件差等，帮助灾区做了许多工作。

对现场的捐赠物资和志愿者的行动，市县指挥部一定要考虑有序引导和组织，既保护志愿者的积极性，又不影响救灾行动的秩序。

新闻媒体的及时报道

这次的新闻报道，组织得比较主动、有序。信息主要通过两个渠道传递，一是现场记者的报道；二是省、市两级现场指挥部的新闻发布会。尤其是政府救灾的各种决策、意见、措施，以及救灾遇到的问题、困难和解决的方案，各项工作的进展，还有媒体关心的一些数据等，在新闻发布会上，可以给出权威的说法，可以去除一些传闻和不实之词。新闻发布会发挥了很好的作用，使得地震之后关键的 7 天里，灾区没有出现什么谣言。群众情绪总体稳定。开始两天，那些没有联系上的边缘村组有情绪，随着工作组到村，情绪就平稳了。

地震之后，关于地震本身的一些信息，是群众比较关心的，这次省指挥部在 7 号专门安排了地震烈度及相关问题的新闻发布会。地震部门的专家解读了这次地震烈度的分布特征，烈度图在指导救灾、安置、评估以及恢复重建中发挥了作用。发布会以现场回答提问的方式进行解疑释惑，社会普遍反映良好。在救援阶段基本结束、转入受灾群众过渡安置阶段的时候，适时安排专家在灾区现场解读房屋抗震，为什么有的房屋倒塌或损毁严重，有的完好，结构上有何不同，什么样的房屋是抗震的等，视频和文字在各大媒体传播，很受欢迎。同时，在北京也安排一些专家接受采访，网络上的点击率也很高。这都说明，在地震发生后，对群众关心的地震和抗震有关的热点问题，主动通过媒体做宣传和介绍是非常有意义的，能起到很好的社会效果。这正是落实国务院领导同志要求的：要“回应社会关切”。

每次地震过后，都应及时总结经验和教训，积累案例，为的是下一次行动做得更好。

2014 年 8 月 18 日

在景谷地震应急救援中，本文作者作为国家减灾委、国务院抗震救灾指挥部联合工作组成员、地震系统地震现场指挥部指挥，一边工作，一边对各级政府的救灾行动做了多角度、多层面的考察，记录了一些实例，力图客观反映地震应急工作的进展。

2014 年 10 月中旬，从云南普洱地震灾区回来，一直在想着这次地震应对过程中一些有益的尝试和经验。

10 月 7 日 21：49，云南省普洱市景谷县发生 6.6 级地震。这次地震和同等级别的地震相比，伤亡人数很少，有 1 人死亡，331 人受伤。所以，地震紧急应对处置的过程相对从容，吸取了以往几次破坏性地震发生后处置的经验和教训，更好地检验了政府的应急能力，使得震后救灾行动做得更有序和有效。

这次地震，在云南省委、省政府的直接领导下，处置得当、效率很高。在近两年 4 次较大的破坏性地震，即 2013 年 4 月的四川雅安芦山县 7.0 级地震、2013 年 7 月甘肃定西岷县漳县 6.6

级地震、2014 年 8 月云南昭通鲁甸 6.5 级地震和这次云南普洱景谷 6.6 级地震的应急处置中，都注意充分吸取教训和经验，使得各个关键环节工作做得主动、周全。地震应急处置，就是要一次比一次做得更主动，考虑得更细致，每次都注意积累经验教训、找出不足，不断地丰富应对案例，从实际案例中增添实用的管理经验。

这次景谷地震应对中，从各级领导的指挥、部署行动中也可看到，应急指挥越来越科学、冷静、讲究实效。回到北京整理一下记录，发现现场的一些实录很能说明问题，显然这次救灾更为注重效率和科学性。

芒费村震害

普洱的市情与灾情

普洱市毗邻缅甸、老挝和越南，面积约 4.5 万多平方千米，是云南省内面积最大的市，森林覆盖率达 70% 以上。普洱市有几大支柱产业，包括普洱茶、咖啡、石斛等，另外有丰富的森林、水电和矿产资源。经济上普洱市在云南还是中下水平，属于欠发达地区，10 个县里有 8 个贫困县，但这次地震重灾区景谷县的经济条件较山区还好些。

与云南省地震局的同志以及普洱市人大主任丁艳波等讨论这次地震人员死伤较少的原因，初步认为主要有以下几条。

一是普洱的房屋结构相对较好，比鲁甸好得多。这边多是傣族、彝族传统民居，以土木砖木为主，穿斗木的结构,有一定的抗震作用。在极震区，农民房子的屋架没倒，有歪斜，但土坯墙倒得很多，都是朝外倒，压着人的情况较少。而鲁甸农民的房屋是土坯“墙抬梁”，地震后基本倒塌损毁。二是普洱的地质条件好于鲁甸，地表都是岩石，比较坚硬。山上植被丰茂，地震引起的滑坡、滚石不多。鲁甸地震地质条件破碎,滑坡导致的坍塌、滚石随处可见,这也是鲁甸地震人员伤亡多的一个原因。三是地形特点，普洱山区山势比较缓，农民大多集中生活在坝子里，山上少数居民点都在相对平缓的地方。鲁甸县都是高山深谷，居民点许多都在坡度很大的山上，地震时边坡的放大效应很强。还有就是人口密度差别很大，普洱地区每平方千米才40多人，是云南省平均人口密度的三分之一，而昭通鲁甸县人口密度大，每平方千米达250多人，是云南省平均人口密度的两倍。

景谷县灾区许多房子都是这种“穿斗木”结构，震后木结构未倒，砖墙塌了

2014年云南的地震比较多，已经发生较大的地震有3次了，有5月30日盈江6.1级地震，8月3日鲁甸6.5级地震和这次10月7日景谷6.6级地震。盈江和景谷死亡人数少，鲁甸伤亡较重。

说说属地管理与统一指挥

10月8日中午，我们从普洱市赶往景谷，途中在宁洱县与刚赶回普洱的省长李纪恒见面。

7日晚上地震发生后，李省长立即从昆明乘飞机赶往灾区，8日凌晨4点就已经到达景谷县极震区永平镇了。地震后，党中央、国务院领导同志非常关心边疆地区的震情，或打电话，或做批示，对救灾工作做出指示。

李省长8日清晨在震区永平镇召开会议，讲了几点要求。内容包括：全力救人；

核实灾情；保证交通通畅；防范次生灾害；救灾形成合力，统一部署指挥，等等。要求市县领导到第一线，实行“八包八保”责任制，即包物资发放，保群众生活；包环境卫生，保疫情防控；包临时住所，保过渡安置；包监测防范，保群众安全；包情绪疏导，保思想稳定；包矛盾化解，保社会和谐；包项目建设，保恢复重建；包纪律监督，保工作不违规。就是说，地震发生后，省长尽快到达现场，强调省指挥部统一指挥，强调市县领导尽快到一线，强调实行包保责任制。这三个强调，部署及时，成为救灾第一时间内应急工作最重要的内容。

副省长张祖林任省现场指挥部指挥长，副指挥长分别由第十四集团军副军长、省军区司令、省长助理、副秘书长担任。指挥部下划分 12 个工作组。所有的救援行动和安排，都由省指挥部统一调度，市级领导分别在省指挥部各组队里负责。

李省长认为要发挥几条经验。一是党政军民统一领导，无缝对接，高效运转，这在鲁甸地震时就协调得很好。二是一定要交通管制，组织联合管控，保证救灾物资及时到位。三是保障后勤供给以及足够的卫生、医疗人员。四是舆论引导，回应社会关切。他说的这几条，是经过芦山、岷县漳县、鲁甸几次地震现场总结得来的宝贵经验。

省长李纪恒（右二）与工作组沟通救灾情况

按照近几年形成的应对地震事件“属地管理”的原则，参与救灾行动的队伍，无论来自哪个省、部门、单位，都由属地省指挥部统一指挥。这条制度执行得越好，救灾行动就越得力。此次救灾，就是这么做的。省指挥部设在景谷县城，这里交通、通信方便，便于指挥，在极震区的永平镇设立前线分指挥部，联络协调。这更是吸取了鲁甸地震的好经验。

作者在灾区考察，左一为普洱市人大主任丁艳波，右一为景谷县常务副县长杨文兴

在省指挥部了解到，救援部队已经有 4500 多人在现场，包括第十四集团军、省军区、武警、消防等各方力

量，基本可以满足救灾工作的需要。到10月9号为止，320多名伤员，没再继续增加。伤员中有296人都是永平镇的，所以，集中搜索就在永平镇所属的400多个自然村组范围内进行。现在外围集结的部队原地待命，何时进入灾区，由省指挥部决定。

省卫计委副主任徐和平在地震后组织了近200人的医疗队进入灾区。在了解了灾区的伤亡情况后，及时调整了医护人员，组织适量的防疫人员到灾区。这体现了有序救灾、科学救灾，根据救灾需要派遣队伍，而不是人越多越好。救援部队和医疗人员根据需要确定规模和人数，体现了“统一指挥”“属地管理”的优越性和效率。

云南省卫计委副主任徐和平（前左一）在指挥部会议上汇报工作

在省指挥部安排下，救援部队陆续进入极震区。在永平镇，每个村子平均有救援人员四五百人。到9日中午，永平镇的28个行政村和1个社区的437个自然村组，除个别交通不便的山区村组外，绝大部分进入了部队。救援部队的任务是搜救人员、运送伤员、搭建帐篷、运送物资、稳定社会、交通保通，等等。

震后，及时实施了交通管制。一是一切以救灾为主，凡是救灾的车辆，交通指挥中心通过县指挥部确认救灾用车。二是及时处理塌方堵路。从县指挥部到永平镇50多千米的路上，有几处塌方及时得到处理，保证了交通畅通。交通部门震后立即出动检查人员和保通的车辆机械，发现堵路及时处理，而不是坐等消息才出动。这样一来，解决问题比较快而且主动。

省指挥部要求，要保证受灾群众6有，即有临时住处、有干净水喝、有衣穿、有被盖、有治疗、有学上。

副省长张祖林在指挥

救援队帮助受灾群众拆危房

部会议上强调：要统一指挥，全力搜救伤员，做好卫生防疫。市县工作组深入灾区，安置受灾群众，排查隐患，严防地质灾害，监视震情发展，严格救灾物资的管理使用，科学做好灾损评估和重建规划，特别注意发挥群众在重建中的主体作用。

统一、协调、高效的救灾指挥，保证了救灾行动各个方面的相互配合、相互补充，保证了根据实际情况变化及时做出应对措施，保证了应急救灾的顺利进行。

确保救灾物资及时到位

救援物资及时送到受灾群众手中，是稳定民心、解决困难的重要环节。省民政厅段厅长说，到9号上午，省里调用的帐篷已经准备了10600顶，据统计，倒塌损毁的住户不到7000户，一户一顶基本够用，主要困难是运输的问题。后来的实际情况也说明，全部到位需要2～3天的时间。

地震后的前两天，网络、微博、微信上不断有一些反映村组救援不到位、没有帐篷、部队未进入、道路堵塞等信息，这些信息及时被指挥部收集，并进一步了解情况、跟踪处理。指挥部发现存在的问题主要集中在几个交通不便的村组，物资运送困难。

9日，十四军邓副军长对于物资运输提出建议：一是山区运力有限，一些边远山区道路难走，背物资上去，一人只能背25公斤。实际上，小路上摩托车多，应该管起来，一辆车能运150公斤。鲁甸地震时，邓副军长征集了600辆摩托车运物资，从龙头山镇的小街分别运到镇所属的11个村，凡是汽车到不了的村社都用摩托车送。二是要点对点地配送，一站式，需要什么送什么。鲁甸地震时，这11个村配送的物资在县城分好，由11个车队直接送到居民点。实际上，邓副军长的这些“建议”，在后来的救灾行动中都化为实际的部署，因为他是副总指挥。

救援用的直升机

10日中午在永平镇芒费村七七社，遇到景谷县长袁洪波，他是傣族人，70后。他告诉我，有几个道路不通的社今天上午在部队支持下采取了特殊的措施：一是部队用直升机空降，在距离4个社相对较近位置上卸下物资；二是组织群众摩托车队，从空降点把物资转运到社里，运的是帐篷、大米、油和棉被。4个社都是芒费村的，都位于破坏最重的区域内，分别是大尖山社、板凳田社、大佛寺社和那信河社。他说，到10号的晚上，也就是地震后72小时之内，整个救灾物资的配发包括帐篷等，可以到达90%以上。我想起前天省指挥部的部署和邓副军长说的一番话，今天在县长这里全部得到证实。

这就是有序组织救灾的力量，这就是科学救灾的效率。发现救灾的死角和难点时，采取特殊措施，及时处理，保证救灾物资的及时送达。

尽量分散安置

普洱市副市长魏艺红，佤族，负责群众安置。她讲，按照指挥部的意见，群众安置采取集中和分散结合的方式，然后逐渐将集中居住点分散，群众回到自家原址附近，保证帐篷、食品、饮用水和衣被供应，每人每天发25元补助。这样群众愿意，也比较容易操作，集中安置有许多困难，容易造成浪费，而且群众也觉得不方便。

10号，县长袁洪波表示，相对集中的安置点已经有11个，400户左右，现在按照省指挥部的精神分散安置，尽量发帐篷让群众回家或投亲靠友。集中安置也不集中吃饭，没有集中伙食，压力也小些。

永平镇搭建的临时帐篷

安置工作中，民政发放帐篷是有几条规定的：一是只能灾民使用；二是发放过程严格登记审批，用完收回。发的彩条布不收回。随着帐篷发放逐渐到位，到震后72小时，基本保证每户领到了一顶帐篷。

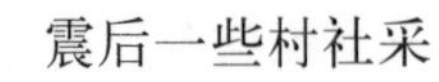

震后一些村社采用集中安置的方式，集中开伙，很快就发现有许多的困难：伙房、厕所、卫生、防疫等，十分不便。在指挥部协调下，及时指导。鼓励、支持群众领帐篷回到原址附近搭建临时住所，很快实现了分散安置。

工作组进村

“八包八保”是省指挥部在震后立即做出的决定，这也是充分发挥体制优势的有力举措。到底做得怎么样，又是如何落实的呢？

县长袁洪波说，工作组进村入社落实“八包八保”的分工是：县处领导包村，28 个行政村加一个社区，都有县处级领导在一线负责；工作组队员包社包户；县直属挂钩单位包社。9 号开始全覆盖，所有社组都有人去，和村民一起吃住。

10 号，在景谷二中的操场上遇到武警森林部队普洱支队长夏进荣，他说，即使是仅有 3 户人家的小村，也有工作组进驻了。他的部队进村先和工作组联系，根据工作组的建议，去各户协助拆除危房。这个支队负责芒费村的 5 个社，投入救援人员 246 人。

永平镇景谷二中院内的武警森林部队普洱支队救援营地

武警森林部队
普洱支队长夏进荣

迁营村迁东组，Ⅷ度区

10 号上午，去永平镇迁营村的迁东组。这是Ⅷ度极震区。迁营村的支部书记叫刀明，他说，迁东组 135 户、526 人，各户都不同程度受到破坏，有 3 户较重。县工作组昨天已经到了村，部队也在村里。全村分了 4 个片区，这个片区有救援队 15 人。现在帐篷送进去了，昨晚受灾群众已经都住进了帐篷。医疗组也建立起来了，迁营村有 5 个重伤、23 个轻伤都得到了救护。

我们来到永平镇的芒费村七七社（组），这个社是1977年成立的，所以叫这个名字。芒费村的工作组长是县人大副主任魏坚。全村有22个社，这个工作组有80多人，由县直属部门干部、村委会成员、组长等组成。县指挥部在永平镇设有分指挥部，工作组每天要向分指挥部汇报工作。每个组去两三人，已经包村到户了，并于10日全部到位。

七七社，有50户、223人，距离6.6级地震震中7000米。村里傣族群众多，全村受伤6人，其中重伤2人。这个社有工作组员8人，每天下午4点半在村里集中汇总，再向上报告，其他各村社也是这样。每天，通过驻村工作队员的报告，指挥部可以及时了解基层的救灾工作进展。

七七社有30多顶帐篷，指挥部要求当天要让社里每户都领到一顶帐篷。现在的主要问题是灾情排查，一个社反映粮食问题，已经运送上去了。帐篷也满足了。

这时老社长李正荣过来对我们说，社里情绪比较稳定，已经把党员、有威望的老人、团员、学生分别组织起来，负责救灾物资发放和登记造册，领到物资的社员要按手印。少先队员、团员负责给救灾部队送水，小学生主要任务是捡垃圾。党员干部组织群众生产自救。

芒费村七七社

芒费村七七社老社长
李正荣

芒费村七七社震害

从省市指挥部部署到县指挥部落实，两天时间内工作组已经进村入户，及时了解群众的困难、需求及问题，及时向上级反映情况并得到解决，使得灾区的每一个角落都得到关注。

当地政府的防灾意识

考察灾情时，曾和普洱市委书记卫星交谈。卫星告诉我，两个月前威马逊台风刮到了云南，导致普洱市的宁洱县发水，去景谷的路都断了。台风过后没几天，8 月 3 日发生了鲁甸 6.5 级地震。普洱市保持高度警惕，防患未然，安排部署搞了一次救灾综合演练，还开了两次会专题研究应急反应。这次景谷 6.6 级地震发生后，20 分钟内启动政府应急预案，成立指挥部，半小时后检查时，所有的领导都已行动，各部门也已经到位。

乡镇村组也增强了防灾意识。前些日子培训时发了作训服，地震后，基层的村小组长纷纷穿上，指挥救灾。地震后，基层武装部组织民兵救灾，出动迅速。

卫星说，他是随着省长的飞机从昆明连夜赶回普洱的。在路上，他就问鲁甸地震时的经验教训是什么，当他意识到交通问题的重要性时，立即电话布置，实行交通管制，控制住进入永平镇的车辆。外州县的救援力量暂不进入，听从统一安排。

市县领导的防灾减灾意识是靠平时培养和积累的。这样，在突发事件来临时，可以按照应急预案，组织展开有效的救援行动。

志愿者的引导更加有序

9 日在灾区考察期间，听到十四集团军副军长邓志平评价这次地震。他说，昨天在灾区查看时，有个印象，即“伤亡不大、损毁大，外伤不重、内伤重”。邓副军长还说，进入村镇搜救的部队在搜救的同时还做了一件事，就是把志愿者编班组织起来，随着部队一起帮助群众拆除危房、清理废墟。他建议，应该把参与救灾的志愿者组织管理起来，最好在进入灾区之前就组织好，形成一个集体。单个来的，要现场组织，参与部队行动。志愿者的机构可以通过网络整合起来。

迁营村的书记刀明说，他们村里就有厦门蓝天救援队的 15 位志愿者住在这儿，平时帮助疏通道路。

永平镇迁营村书记刀明（左一）向工作组介绍情况

芒费村七七社原社长李正荣说，慈善家陈光标来到这里，带着面包和方便面，没自己发，而是交给村里统一发放。他还带着志愿者帮村民拆危房呢。

从这些情况看，志愿者在现场组织起来，会使救灾更理性，更有秩序。最好是平时在当地组织起来，地震后有组织地来到灾区，在震区指挥部的安排下参与救灾行动，当地指挥部应该专门有接待和安排的考虑。志愿者、慈善家发放救灾物资，应该交到当地乡镇村社组织手上，按需要统一发放。

学校的房子

在极震区永平镇上的景谷第二中学，校长李江介绍说，教学楼和学生宿舍楼受到不同程度损毁。过去属于B、C级的楼，现在成了D级楼——危楼。学校46个班，2620个学生，21000平米房子，其中有5400平米C级房子受损严重，现在学生都停课了。省指挥部决定，房屋可以继续使用的学校，10月13日复课，不能使用的，要尽快搭建板房教室，保证10月27日能够复课。

景谷二中校长李江

永平镇景谷第二中学

2008年四川汶川地震之后，国务院安排了为期三年的“中小学校舍安全工程”，将所有公立中小学的校舍进行了检查、加固。云南全省中小学D级房1300万平米已经全部完成了加固。开始我们也疑惑，怎么有60%左右的学校房屋受损不能使用呢？原来是欠账太多，原有D级的房子加固了，但地震中一些B、C级校舍却受到损坏，成为D级危房。

所以要看到，学校校舍的抗震设防任务仍然很重，不是搞一次校舍安全工程就都能解决了。各级政府仍然要高度重视，做出计划安排，逐步解决学校的校舍抗震问题。

长海水库排险

长海水库开挖泄流槽

10号下午，我们来到长海水库的大坝上。

副县长康明光在这里指挥。长海水库是1960年建设的，1965年修缮把坝体加高，最大库容是254万立方米。现在库区有水149万方，这是永平全镇的饮用水和灌溉用水。长海水库承担着永平镇2万多人生活用水和2万亩农田的灌溉。水库坝长120米，地震造成大坝裂缝长达107米，几乎贯通。裂缝宽8厘米，最大15厘米，探到3米没见底。一旦大坝决堤，永平镇将被淹没。处理的措施是：尽快在侧面开挖泄流槽泄水，将库容保持在30万立方米水量，这是安全的库容量。

武警水电一总队队长李汉银指挥施工。他估计5点可以挖通泄流。泄流要控制在每秒5个流量，先泄流降水位1.5米，再分两次降，总共要降低水位五六米。泄流槽宽11.8米，有3.7万方土，8日晚上11点半开始挖，预计48小时能完成。实际上提前了不少，10日下午6点左右已经成功泄流。

长海水库的危险，3天之后解除了。但下游永平镇的吃水问题又凸显出来，因此，指挥部又协助市县政府解决全镇的饮水困难。

震后72小时

10日晚10点，已经是震后72小时。此次地震的烈度图已经完成并上报中国地震局审批，次日早晨9点半向社会公布；10点，召开新闻发布会做解读。72小时，部队和工作组已经进入所有的灾区村镇，即永平镇的400多个社组。这次地震，除了普洱市是重灾区外，临沧市的两县一区也受了灾。临沧市位于烈度Ⅵ度以上地区，与普洱市一样，工作组都到位了，帐篷、食品等送到了群众手里，灾区情况稳定。

72 小时，也是救灾行动的一个关键节点。对于涉及近千个村组、方圆一万多平方千米受灾的地震事件来说，很难做到一天内各项救灾工作完全就绪。因此，有两三天的磨合期，或者说初期会有点乱，是可以想见的。但 72 小时应该基本就绪。

恢复重建重在规划

临沧市临翔区震害，Ⅶ度区

云南省地震局局长皇甫岗（左）和临沧市副市长赵贵祥（右）

11 日，去临沧市考察灾情。

我们来到临翔区圈内乡细博村。这里是Ⅵ度烈度区，2000 多人，12 个村民小组，细博是一个组。

区委书记尚东红说，已经组织了 50 多名建筑设计人员，帮助受灾群众设计新房，保留原结构，这里的民房结构很好，都是木穿梁的，抗震，地震后不倒，只是歪斜了。每家量身定做方案，每个乡镇都有挂钩的设计人员。这次重建，要和美丽乡村建设结合，和民俗结合，和生态特色结合。

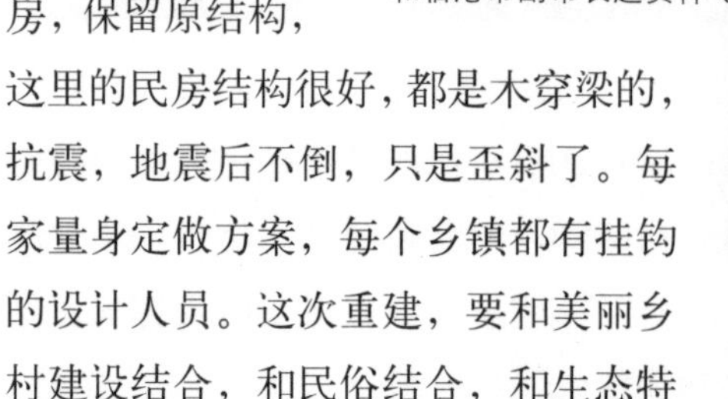

临沧市临翔区平村完小在帐篷里复课

临沧市和普洱市基本以澜沧江为界，但澜沧江东岸有临沧市的一个乡——平村乡，这是临沧市距离震中最近的一个乡，离震中只有 35 千米。

在平村乡永平村困博组了解到，这个村有村民 38 户、180 人，是搬迁来的。平村乡党委书记汤宏春，傣族，他介绍说，地震后房屋大都掉瓦，成了危房。困博村的房子很差，大都是墙抬梁，不抗震，一晃就散。为什么呢？原来这里的村民是从其他地方因滑坡搬迁来的，以前他们居住的村子叫困博，到这里安家后，他们依然起村名叫困博。由于补助比较少，盖房时舍不得多花钱，盖的房子就很差。

区委书记表示，要在这次震后安置中，把这个搬迁乡房屋不抗震的情况彻底改变。政府利用恢复重建的政策，帮助当地受灾群众脱贫，首先就是派人做好规划，搞好设计，建设美观、实用、抗震的新农居。

芒费村，抗震新房完好无损，Ⅷ度区

地震后，除了在现场参加指挥部会议、到灾区村镇考察、组织地震系统科技人员开展现场地震监视和跟踪工作之外，我们密切关注和参与各级政府的救灾行动，切实体会到应急救援工作的稳步发展。值得欣慰的是，多次地震积累的经验教训，得到了吸收和应用，今后的应急工作会不断取得新的进步。

尾声

云南普洱6.6级地震主要发生在景谷县境内，Ⅷ度极震灾区大都是傣族村寨，这个区域主要生产烤烟，4月种，9月收，然后种冬玉米。烤烟制作有集体的烘烤站，烤完分级，卖给烟草公司。每年种多少烟叶是有指标的，农民种一亩地烟叶能收入4000元左右。冬玉米主要用来喂猪当饲料。

10月这个时候，烤烟基本卖完了，冬玉米有半米高了。

据群众讲，地里的大棚蔬菜没受到地震多大影响。受灾群众一边搭建帐篷建好临时住所，一边开始琢磨如何恢复生产。政府及时有力的安置措施使得群众心不乱、气不燥。看到各级干部在基层忙碌的身影，我们切实感受到各级政府的有效组织在救灾行动中的巨大作用。

地震应急救援行动，会不断总结经验，吸取教训，在地震发生后，以最大限度减轻地震灾害损失为目标，把各项工作做得更好。

2014年11月30日

景谷地震应对

2014 年 10 月 7 日 21：49，云南省普洱市景谷傣族彝族自治县发生 6.6 级地震。地震发生后，党中央、国务院十分关切，习近平总书记、李克强总理等领导做出重要指示和批示，就抗震救灾工作提出明确要求，并责成国家减灾委、国务院抗震救灾指挥部派出联合工作组，协助云南省委、省政府抗震救灾。

联合工作组在普洱、临沧两市灾区考察灾情、了解救灾情况，参加省、市指挥部协调会，与省、市、县政府领导交换抗震救灾工作意见，对云南省此次地震应急应对工作有了整体了解，并适时向省市指挥部提出意见和建议。

这次地震的紧急应对，进一步吸收了近两年几次破坏性地震发生后应急处置的经验、教训，力争做得更加科学有序，忙而不乱。有一些应急处置措施已经形成常态，为今后的地震应急管理提供宝贵的范例。

震情和灾情

本次地震造成1人死亡、331人受伤（其中重伤8人），据中国地震局现场工作队实地调查，灾区烈度Ⅵ度以上区域总面积约11930平方千米，涉及9个县（区）、37个乡镇（街道），最高烈度Ⅷ度，Ⅷ度区面积约400平方千米，57.56万人受灾。据云南省地震局、民政局等初步调查统计评估，此次地震紧急转移安置7.84万人，倒塌和严重破坏房屋39.61万平方米，中等及以下破坏房屋507.33万平方米，造成的直接损失超过50亿元。

地震的特点

首先是震感范围较大。这次地震是云南省自1996年丽江7.0级地震以来，境内发生的最大地震，全省范围均有震感。地震烈度Ⅵ度以上区域比同等级别的鲁甸地震范围要大。

其次，与同等震级、类型地震相比，特别是和2013年7月甘肃岷县漳县6.6级、2014年8月云南鲁甸6.5

景谷震害，Ⅷ度区

木结构的房屋，木架歪而不倒，有一定的抗震作用

永平镇迁营村迁东组，Ⅷ度区

级地震比较，地震造成的人员伤亡较少。初步分析伤亡少的原因，一是该地区的民房多为“穿斗木”结构，具有一定的抗震性能，地震后木屋架歪斜而不倒，土坯墙由于木架结构多向外坍塌；二是灾区地质条件较好，多为坚硬岩石，且植被茂密丰富，滑坡、滚石等次生灾害较轻；三是当地的人口密度为每平方千米不到 50 人，而且，由于经济、文化等因素，灾区群众具有一定的防灾减灾意识，震后避险及自救互救措施得当。

第三，地震造成的灾害损失较大。初步分析灾害损失大的原因，一是本次地震震级较高，范围大，Ⅵ度以上区域面积近 1.2 万平方千米；二是极震区房屋虽未倒塌，但内部结构破坏严重已成危房，大多已不具有修复价值，如同“站立的废墟”，与 2013 年 4 月四川芦山 7.0 级地震出现的情形相近。对此状况，当地政府、群众概括为“死亡不大、损失大，外伤不重、内伤重”；三是水利设施、公共设施遭受不同程度的破坏，长海水库大坝出现险情，重灾区部分学校建筑物严重毁坏，不能继续使用。

应对的经验

地震发生后，云南省委、省政府高度重视，立即启动 I 级响应。省委书记做出批示，由省长李纪恒率工作组立即赶赴灾区指挥抗震救灾。灾区及邻近市、县立即启动应急响应，把抢救生命放在第一位。省长李纪恒、副省长张祖林率工作组于 8 日凌晨 4 时抵达震中景谷县永平镇，慰问受灾群众，指挥抗震救灾。灾区市县党委、政府及时启动应急预案，全力开展人员搜救、伤员救治、受灾群众转移安置、灾情核查、救灾物资调拨、发放等工作。武警、消防、民兵、卫生等部门人员立即开展应急救援工作。纵观这次震后第一阶段的救灾行动，确实具备了科学、有序应对的特点。

属地管理、统一指挥，注重发挥统一管理体制的优势作用

（1）属地管理，统一协调各路救灾力量。

云南省委、省政府借鉴鲁甸地震抗震救灾指挥经验，全面统一部署抗震救灾工作。省指挥部根据“属地为主”的原则，统筹领导党政军民各方力量，省外的救援力量全部由省指挥部协调救灾行动，快速准确收集灾情信息，合理调用救灾资源，最大程度地发挥作用。

我们注意到，此次地震的组织指挥比以往更注重有序和实效。如9日统计出部队救援力量已进入现场4516人，考虑到受伤群众90%以上集中在永平镇，所以搜救排查工作主要在永平镇28个行政村和1个社区范围内开展，救援力量可以满足需要，其他部队在灾区外围原地待命，没有省指挥部的命令暂不进入灾区。同时，省卫计委派出的医疗队在灾区可以满足救治需求，其他医疗队伍也暂不进入灾区，

永平镇震后鸟瞰

根据需要增派防疫人员、适当减少医护人员。适度、有序地安排救援和医疗力量进入灾区开展工作，不造成人员冗余，成为此次云南省组织救灾行动的特色，也为今后其他地震现场有序救援提供经验。

这方面，在以往的救援行动中曾经有过的口号是“震情就是命令”。在这一号令下，自觉地迅速集结起大批救援队伍的不仅是部队，还有大量的兄弟省市的救援力量，但可能造成不必要的浪费。

（2）**军地联合，协调救灾更顺畅。**

在省指挥部统一协调下，此次地震救援行动中军地密切协作，配合得当。救援队伍按照突出重点的原则分成三个责任区，进入行政村和自然村（组）。救援队伍进村入户，及时开展救援行动，抢救伤员，并协助群众搭建帐篷，开展房屋排险、救灾物资发放等工作。在水库大坝出现险情时，武警水电部队积极抢险，在灾区道路不畅、救灾物资运送困难时，部队及时派直升机投送帐篷和基本生活物资，与驻村工作组密切配合，协调救灾，这些方面都体现了军地配合的顺畅。

（3）**市、县、乡三级干部进村入户，包村包户。**

整个救灾工作提出“八包八保”，即：包物资发放，保群众生活；包环境卫生，保疫情防控；包临时住所，保过渡安置；包监测防范，保群众安全；包情绪疏导，

救援部队进入村寨

保思想稳定；包矛盾化解，保社会和谐；包项目建设，保恢复重建；包纪律监督，保工作不违规。

省指挥部在灾区建立“包保”责任制，建立“市领导包县、市县领导包乡包村、县乡村干部包组包户”制度，确保每个乡有一名市干部带队，每个行政村有一名县干部带队，工作队员进村包户。从省到乡的包保责任制落实，使得每一村、每一户都有责任人，这样尽最大可能调动地方的救灾资源，保证了救灾工作中灾情快速汇集、交通管控、人员安置、物资按需发放等工作快速有效，充分体现了集中力量办大事、基层组织战斗堡垒的作用和优势，为抗震救灾工作科学、有序、有效开展奠定了坚实的基础，积累了很好的经验。

灾区医疗点

这方面的经验是历次地震应急行动逐步积累形成的，已经形成了制度。这次地震，工作组进村入户工作做到了及时、到位、高效，正是两个月前鲁甸地震提供了样板和示范，所以做得更好。

交通管制的标志

实施交通管制更注重实效

普洱市在震后很快实行了灾区道路交通管制。指挥部加强对抗震救灾道路交通应急管理工作的组织、指挥和协调，增派警力，调整勤务，切实强化路面交通管控，及时采取措施控制社会交通流量。交管部门根据交通流量进行弹性控制，保证救灾车辆通行，减轻救援通道交通压力。地震发生后，灾区各城市交警支队立即向社会发布交通管制通告，并通过广播、电视、电子显示屏、微博、微信等媒体，滚动播报灾区道路通行情况、管制措施以及分流线路，引导提示机动车驾驶人员不要自行前往灾区，主动避让救灾车辆。全省各级公安交管部门全力以赴做好抗震救灾道路交通应急管理工作，确保抗震抢险救灾人员、物资和伤员的及时顺利运送，防止发生道路交通事故和严重交通拥堵，确保抗震救灾工作有序进行。

交通管制更注重实效。从县城到永平镇的50千米路段特别关键，是救灾生命线。各路口都有交通民警执勤，根据路况和流量，弹性管理，确保通畅。负责这项工作的是“保通组”，而不是“交通组”，可见对保通的强调。这方面，吸取了8月3日鲁甸地震时的教训。鲁甸县境内地质条件复杂，滑坡多，道路被破坏得很严重，打通又堵，仅依靠交通管制并不能保证通畅，还需要了解路况和适宜通行什么样的车辆。鲁甸遇到的这一情况为景谷地震保通提供了借鉴。

对志愿者队伍和社会力量参与救灾加强引导

省市县抗震救灾指挥部注重协调、引导志愿者参与救灾，对志愿者等社会力量参与救灾的，加强引导而不是任由志愿者随意发放物资和捐款。志愿者组织和个人抵达灾区后，向当地抗震救灾指挥部报到，并由指挥部统一分配工作任务。志愿者组织和个人向灾区捐献的救灾物资，也是先与驻村干部联系、登记，再由驻村干部发放到受灾群众手中。这种方式有效避免了志愿者开展工作和发放物资的无序性，同时保证了志愿者组织和个人所捐献的物资合理、高效使用。如著名慈善人士陈光标，地震后立即赶到极震区的永平镇芒费村七七村民小组，按照要求把救灾物资交给村委会，登记造册后，由村委会统一发放。这方面景谷地震比以往地震现场做得都好。

物资发放根据需要投送，不缺位、不浪费

景谷地震救灾物资，努力做到科学合理、按需发放。地震后实施的“包保”责任制，使各级干部深入灾区，深入群众，在一线指挥，在一线工作，在一线解决问题。物资分配是由各村组按需提出救灾物资需求，经审核后统一发放，避免了盲目分发造成的浪费。另外，在地震后一两天内，部分灾区道路狭窄崎岖，运送物资的车辆难以行进，加之有的自然村位置偏远，出现部分偏远山区没有领到救灾物资的现象。省指挥部领导同志高度重视，立即召集相关部门研究解决方案。10日上午采取了特殊措施：一是调用军用直升机，向偏远地区投送帐篷、食品和饮用水；二是组织群众摩托车队，将空运物资运送到位于Ⅷ度区内又地处偏远的芒费村大尖山社、板凳田社、大佛寺社、那信河社等受灾群众手中。震后72小时内，基本做到救灾物资投送全覆盖。

点对点发放，这次做得最好。因为交通畅通了，通信畅通了，工作组进村了，有这3个条件，按需投送物资就成为了可能。

积极做好宣传引导，及时准确发布救灾信息

地震发生后，各级指挥部加强新闻宣传工作，及时发布权威信息，全面报道和跟踪抗震救灾工作进展，回应社会关切，努力营造抗震救灾良好舆论氛围。一是以新闻发布会的形式，集中、正面、权威公布信息。二是回应社会关切。如这次的长海水库大坝裂缝事件，及时公布处置情况、处置进度和效果。针对前两天网上反映救灾不到位的情况，积极核实，尽快解决，对不实的信息及时解释。

经验的回顾

震后的村寨

从2013年4月的四川芦山7.0级地震，到7月的甘肃岷县漳县6.6级地震，从2014年8月的云南鲁甸6.5级地震，到10月7日的云南景谷6.6级地震，频繁的震灾考验，使得地震紧急应对的经验不断得到丰富，规定和制度也不断完善，逐渐形成一些有效的措施和对策。不断总结经验已成为每次地震应对的一项工作内容，从而使地震应急行动更加科学、有序、有效。

景谷地震和前几次破坏性地震有所不同，主要是：死亡人数少，滑坡、塌方等次生灾害没有前几次那么严重。因此，在组织抗震救灾行动中可以比以往更加从容地研究、实践科学有序救灾的一些做法。这次行动，既是一次实际的救灾行动，也为今后应对更为严重的灾害做准备、积累经验。这些内容主要包括：注重发挥统一领导管理体制在抗震救灾中的作用，坚持属地管理、统一协调指挥，组织工作队进村入户；实行交通管制，针对当地路况采取措施，确保灾区救灾道路通畅；保持通信通畅；做好志愿者的组织、引导和管理，组织零散力量集中行动，由乡、村统一发放救灾物资；确保救灾物资按需投送，点对点，全覆盖，不留死角；积极做好宣传引导，及时准确发布救灾信息，回应社会关切，等等。

综合以上分析，这次景谷6.6级地震的处置应对更加完善，丰富了地震现场的做法，成为今后值得借鉴的案例。

2014年11月1日

南疆地震救灾拾记

7月上旬，我随地震现场工作队来到和田地区，参加地震应急工作。工作期间将所见所闻记下，以期帮助读者了解震后政府和有关部门是如何反应的，了解此次现场救灾概况以及这次地震应对的一些好的做法和经验。因仅是几个方面和片段，故称为拾记。

和田地区发生地震了

2015 年 7 月 3 日 09 时 07 分，新疆维吾尔自治区和田地区皮山县（北纬 37.6°，东经 78.2°）发生 6.5 级地震，震源深度约 10 千米。震中距离皮山县城约 7000 米，距离和田市区约 160 千米。

震后两三分钟，相关工作人员的手机已收到自动识别速报信息。十几分钟后，经过中国地震台网中心核定的信息也到了，确定了地震的时间、地点、震级、深度等参数。很快，在上报的同时，连线媒体向社会公布了地震简讯。

中国地震局、新疆维吾尔自治区地震局根据预案启动Ⅱ级应急响应。中国地震局派出工作队赶赴震区开展应急工作，新疆地震局现场工作队立即出发去现场。

和地震应急相关的工作人员，可以通过手机和移动网络及时得到一些处理过的基础信息。这些信息包括受灾情况，如当地的震感反映、震害图片、收集到网上传播的一些当地地震时的损坏情况等；还包括震情综合信息、震源机制解、震害预估图、当地经济地理情况、交通状况、信息简报汇总，等等，以适应应急工作需要。

对于应急工作来说，信息是基础，信息的准确、快速、周全，对决策至关重要。下午2点许，我和现场工作队员们已经坐在飞往乌鲁木齐的飞机上。

新疆地震局对制定的应急预案经常演练，以检验预案的可操作性。前几天演练时预设的一个科目就是主要领导不在情况下的应急启动。这次地震，正逢王海涛局长在中央党校学习，震后和我一起回乌鲁木齐。此时，新疆地震局应急处置有条不紊地进行。

兵团14师皮山农场，Ⅷ度区的震害

地震位于塔克拉玛干沙漠的南缘——皮山县，这是个贫困县。

飞机上，自治区副主席木铁礼夫·哈斯木恰好坐我旁边，他说发生地震的这个地方搞了抗震农居工程，这次死伤和倒塌房屋的一定是比较穷的、没做安居工程的农户。

我们将在乌鲁木齐转飞机，直接去喀什，估计晚上11点多到，然后乘车去和田地区的皮山县。在那里设立指挥部，开展现场工作。

兵团皮山农场，篱笆子墙的房子基本倒塌

地震现场工作的主要内容是：设立流动台网、监视余震活动，做强余震的预测，灾害调查，划出此次地震的烈度分布，初步的科学考察，以及协助地方政府做一些地震应急的工作。

地震发生后，中国地震局根据资料和灾害预估的研究结果，向国务院和有关部门发出应急工作建议，估计这次地震死亡和受伤的大致人数、提出需要救援队伍的规模、需要的救援物资的大致数量，等等。有关部门会参考建议，做好各项救灾的准备工作。国务院有关部门和解放军、武警部队会采取应急行动。

按照属地管理、分级负责的做法，此次地震的应急处置主要由新疆自治区党委、政府领导进行。

新疆地震局作为自治区抗震救灾指挥部办公室，第一时间提出建议。新疆地震局吐尼亚孜副局长 3 日上午 10 点多即到自治区汇报。吐局长讲了六点建议，包括交通疏导、查看灾情、出动救援队等，尤其是根据中国地震局震灾应急救援司提供的信息和新疆局掌握的资料，给出的救援力量的规模、派出医疗队的规模、调运帐篷等物资的数量等建议，对领导制定科学救灾的决策很重要。

事实上，从后边几天自治区组织领导救灾的实际行动和效果来看，这次应急行

兵团农场的临时安置点

动做到了科学、有序和有效。有效性集中体现在救灾队伍规模合适、能够充分发挥作用，又合理配置；救灾物资做到按需要投送，保证供应，又不浪费。

从喀什转乘汽车、凌晨 4 点半到达皮山县时，县委书记沈毅、和田地区地震局局长朱俊华在路旁等着我们。

截至下午 2 点的统计，已知有 3 人死亡，48 人受伤，2000 余间房屋损坏（最后的统计是：死亡 3 人、受伤 260 人，倒塌和严重破坏的房屋达 12 万多间）。

按照自治区党委、政府的部署，地震后自治区党委副书记车俊立即从和田赶到皮山县，指挥抗震救灾。自治区地震局的 8 人工作组在巴楚驻村工作，但也配有地震应急的装备，一旦南疆有地震，马上可以投入应急工作。上午地震后，这几个人马上赶往皮山县，大约有 100 多千米远，上午就到了。

自治区党委副书记车俊
在指挥部会议上布置工作

皮山县的灾情

喀什到皮山县有 300 多千米，中途我们在莎车县的加油站休息了一会儿，于 4 日凌晨的 4 点半到达和田的皮山县。

工作队一行直接来到县委。县委办公楼已经成为危楼。在县委后院的一幢办公楼里召开了地震指挥部的全体会议，开完会已经 5 点多了。工作队员都住在徽商宾馆，每个房间的墙壁几乎都有地震后的裂缝。

从 6 月 18 日起，是维吾尔族的斋月，皮山县的群众 98% 以上是维族。大街上开张的饭馆很少。这里和北京有两个小时的时差，所以 9 点半到县委食堂吃饭。到皮山县支援的几支队伍，都集中在这里吃饭。

皮山县基本情况——

这次震中 50 千米范围内人口的密度为 25 人 / 平方千米。

皮山县位于新疆维吾尔自治区的最南端，喀拉昆仑山北部、塔克拉玛干沙漠的南缘，东临和田地区墨玉县，西接喀什地区叶城县，北与麦盖提县、巴楚县毗邻，南接印度控制的克什米尔地区。

皮山县是维吾尔族为主体的边境县。全县下辖 16 个乡镇，169 个行政村，分布在大小 54 块绿洲上，总面积近 4 万平方千米。全县总人口约 26.5 万，少数民族占 98.4%。全县 45 万亩耕地全部为灌溉农业，吃水和农业靠的是喀拉昆仑山融雪形成的河流。皮山是贫困县，人均年收入才 5000 多，在新疆也是最低的。

伤员得到安置——

自治区办公厅副主任伊利哈木、和田地震局局长朱俊华和我们一起考察。

一路上了解到，和田市在 6 月 30 日组织了一次应急演习，假设地震发生在和田市，6.5 级，深度 10 千米。结果 4 天后真的发生了地震，除了地点不同，其他参数和演习的设置相同，演习对减轻伤亡确实发挥了一定的作用。

在县委指挥部，和田的几位同志介绍了情况。艾则孜·木沙专员告诉我们，这个县全县基本都受灾了。救援力量包括解放军、武警部队官兵、民兵等，已经约有 1700 多人参加救灾行动。

当地维吾尔族群众有个传统，你家房子坏了，亲戚会主动接你去他家住，所以，地震后许多人都投亲靠友了。

和田地区专员艾则孜·木沙（左）和自治区应急办主任伊利哈木·艾海提（右）在地震现场

地区卫计委主任热利亚说，受伤需要住院的 142 名群众现在（震后24小时）已经全部得到妥善安置。有 16 人在地区医院，其他人在县医院和乡镇医院。有 4 人在埋了几个小时后被发现刨了出来，是埋着不能动弹。

来到现场的有和田地区医疗队 42 人（含防疫人员），喀什医疗队 18 人，自治区来了 34 人（含二十几个专家），医疗人员已经够用了。热比亚说，不需要更多的医疗队了。目前缺乏医疗帐篷，楼里又进不去，天气热，是个问题（她也是和田地区指挥部的成员。她的意见由和田

和田地区卫计委主任热利亚在伤员安置现场

指挥部提出，很快由自治区统筹安排，合理调度控制医疗队的规模）。

县城的灾情考察——

在皮山县一中，这里的操场已经开辟为应急避难场所。解放军第18医院在这里设立了帐篷医院，18医院的总部设在叶城县，地震后马上赶到灾区搭建临时医院病房。在操场上，我们看到临时拉起的自来水管道，供帐篷里的居民使用，修了几个规模挺大的厕所。不到24小时，或者说昨天下午到今天凌晨，一个相当规模的临时安置受灾群众的场所基本建立，也表明当地救灾预案和执行力比较强。

地震后24小时内，皮山县一中院子里已经建起了相当规模的安置营地

此时正是当地最热季节，气温达到38℃，帐篷里简直没法待，这里受伤住院的群众里小孩儿较多。

帐篷医院里，受伤儿童在输液

在县水利局的家属院，遇到和田地区消防支队长罗斌，他正在指挥消防官兵帮助群众拆危房、搬东西。地区消防支队也是地区成立的综合救援队，平时训练有地震救援的内容。支队配有顶撑、破拆、生命探测仪等专用装备，还有3条搜救犬。这次没有太大的废墟，就没带犬来。

县水利局的职工宿舍是老旧的平房，住在这里的大都是水利局所属公司的工人。这些房屋已经属于需要改建的危房，住户在消防官兵的帮助下，收拾倒塌房屋里的东西。

我们来到县人民医院。县人民医院的门诊楼裂缝严重，所以搬到院子里搭建帐篷接诊，但是天气太热，尽管使用电风扇，也很难受。我们在的时候，一位老太太中暑了，被人抱着挪到阴凉地儿。

武警新疆总队的郭司令员也在现场。新疆总队下面有两支地震综合救援队，一支在南疆，一支在乌鲁木齐。这次来的是驻在南疆的救援队，有430人。自治区住建厅根据自治区指挥部7月3日的要求，派来100多人，包括一些专家，现场一些房屋经过鉴定后，认为可以入住。

在皮山县城镇街道卡依玛克社区，我们看到整个一条小巷子里的房屋基本损毁了。一户人家的主人叫艾哈买提·买买提，正站在倒塌的房子面前，他说，他老母亲住在这儿，正好她不在，如果在家，是很危险的。他本人的房子也塌了。住在这里的大都是县粮食局的职工，其中一些是下岗职工。

县城内的一些楼房破坏比较严重，像县财政局办公楼、县林业局办公楼，裂缝很多，有些地方结构遭到破坏，已经不能再使用。

综合县城内的考察，发现县城内的破坏比较重，不具备抗震性能的老旧房屋、平房基本损毁了。部分楼房裂缝可修。少量的楼房成为危房，不能再使用。我们只是查看，具体的评估有专门工作队正在灾区调查。

皮山县卡依玛克社区震害

皮山县城卡依玛克街道老旧房屋倒塌

皮西纳乡——

地震的震中在皮山县的皮西纳乡，这个乡海拔约1800米。我们查看灾情的地方，离震中约13千米。

阿不来提·阿不都卡尔家的老房子倒了，2011年新盖的抗震安居房没倒。抗震房的面积有限制，所以当地农民都舍不得拆除老房子，这次地震检验了新房的抗震性能，也把老房子都震塌了。

这地方是非常干旱的，年降水量才30毫米，而全年的水蒸发量是2400毫米，涵养庄稼和生命的水源全部来自南部的昆仑山，是昆仑山上的雪水融化形成补给型河流滋养着南疆的土地和生长在土地上的人们。夏天天热，河水就丰沛、充足。这里有大片的荒漠可以开垦，主要是受到水量的限制，开垦土地是根据水量来确定的。

皮山县皮西纳乡党委书记卢开伦

皮西纳乡的书记叫卢开伦，汉族。他告诉我们，这个乡按照自治区的部署，自2010年起开始组织盖安居富民房，盖了1200套，可容纳全乡群众的50%，国家给每户2.8万，一套80平米，自己出5万多。

我们看到村里许多人家都是新房旧房并存，旧房一般倒塌了，新房没事。旧房的结构是篱笆子墙，地震时基本都震倒了，但这篱笆子墙的房在当年也是抗震房，倒了砸不死人。

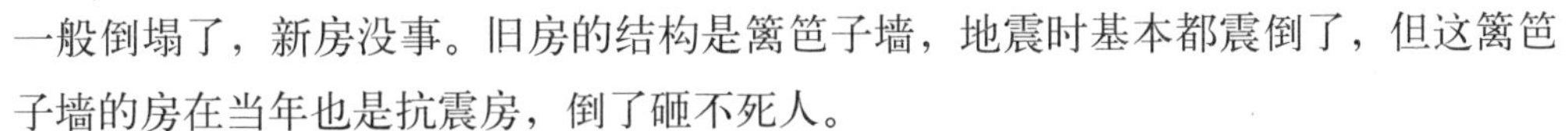

我们了解到，1996年2月9日，南疆阿图什6.9级地震之后，伽师县推广了“篱笆子墙”的做法，但补助很低，每家补助500～1000元，约占当时建房成本的十分之一，这房子便宜，砸不死人。现在政府补助农民建安居房，力度很大，可以占到成本的三分之一。

篱笆子墙

皮西纳乡是这次地震的极震区，达到Ⅷ度，伤亡人数相对较低，和大半家里盖有安居房、旧房结构轻等因素有关。

皮山县的人均年收入是 5260 元，和田地区的人均年收入 5306 元，全新疆人均年收入 8200 元，全国是 12000 元，可见皮山县是全国范围比较低的。皮山县主要经济支柱，一是林果，二是劳务输出，三是少量的畜牧业。本县自己的财政收入只能够支付约 7%，需要大量的转移支付和补助。

皮西纳乡的大部分和整个县城都位于Ⅷ度区内，属于这次地震的极震区，房屋倒塌、损坏得比较严重，但人员伤亡不是很重。受灾群众有的投亲靠友，有的就地安置。县城的部分受灾群众到避难场所休息，乡村的群众在自己家里搭帐篷。救灾安置比较平稳。

和田地区的应急指挥

7 月 4 日下午，和田地区抗震救灾指挥部的总指挥、地委书记闫国灿介绍这次地震的应急行动。说起应急救援的组织，他说，这次地区指挥部分组，物资接收和保管一个组，而分配物资是另一个组。这样不乱。

部队官兵帮助搭建帐篷

在以往历次地震的现场，负责物资发放任务的只是救灾指挥部的一个组。保管和分配在一起，有时候容易造成混乱。这次地震现场工作把物资发放分两组操作，提供了新的做法。

地震后，新疆自治区党委、政府的救灾指挥充分体现了分级负责、统一指挥的原则。自治区党委副书记车俊到皮山县指挥抗震。地区成立指挥部，地委闫书记任总指挥，专员艾则孜·木沙在皮山任前线指挥，县委书记沈毅和县长吐尔洪·阿帕尔任县指挥部的指挥。

震后和田地区立即启动Ⅱ级响应。电力和通信，在地震后紧急抢修，开来应急电力抢修车和应急通信车，一个多小时就恢复了。

每个乡镇都有一名县委派驻的县级干部负责联络指挥，每个乡镇派出十几个干部下到村里。近 170 个村子和社区，有 25 个村是自治区派的，12 个村是地区派的，其他由乡里派人。工作组进村入户，及时了解群众灾后的需求，及时协调救灾力量，及时联系将救灾物资送到群众手上，稳定了民心，这也是多次地震救灾形成的好做法。皮山县委及时派出工作组进村，迅速搭建起了救灾的管理体系。

破坏较大、伤亡相对较小的解释——

地震后有许多关心灾区的人在问，为什么皮山6.5级地震破坏较大，但伤亡相对较小呢？媒体播报，震区房屋毁坏倒塌上万间，但仅有3人死亡和100多人受伤。自治区、地区、县指挥部的同志都认为，主要有以下几个因素。

首要因素是安居富民房发挥了作用。皮山县安居富民房建成的比例约40%，此次地震中，安居房出现不同程度的破坏，但几乎没有倒塌的现象，极大程度减轻了地震灾害损失。老旧房子几乎都倒塌、损毁了。其次是正处在三夏农忙季节，白天气温较高，群众一般清晨早起外出在田间干活，相当一部分人员震时不在室内。还有正处于穆斯林群众斋月期间，当地绝大多数为穆斯林群众，按照习俗，斋月期间，穆斯林群众一般在日出之前吃完早餐，震时群众基本处于活动状态，避震行动相对迅速。

安居房和旧房的对比

具有抗震性能的安居富民房

伤亡相对较少，主要得益于房屋的抗震，这点毋庸置疑，也为各级政府重视建筑物的抗震要求提供了很好的教育案例。

指挥部的第三次会议——

4日下午6点，在县委大院的树荫下，自治区党委副书记车俊召开指挥部第三次工作会议。

县委书记沈毅报告说，帐篷已经到了1100顶，还在陆续调运，运来的还有矿泉水、方便面、被褥、折叠床、面包、馕、饼干、电风扇等。他建议救援力量还未到达的先不要到皮山县，原地待命听指挥部统一安排。艾则孜·木沙专员说，因地震死亡的数字已经基本清楚，全部伤员均得到妥善安置。6万多受灾群众已经得到安置，其中大多数投亲靠友。地震中因房屋倒塌死亡的牲畜比较多，注意严防传染病，有的地方自来水已经不能用。

这次地震的余震比较多，至4日17点，已经发生585次余震，大于4级的6次，大于3级的45次。这是新疆近几年地震破坏最严重的一次，比2012年6月30日新源6.6级、2014年2月于田7.3级地震的破坏都大。民政厅表示所需帐篷正在调运中，建设厅已经派人到现场，对房屋进行排查鉴定。卫计委表示要增加防疫和公共卫生人员到现场。

车俊副书记（左四）主持指挥部会议

车俊副书记归纳了意见，指出救人阶段已初见成效。自治区指挥部与和田地区共同研究，根据需求控制到现场的救援人员。这个措施提高了现场的工作效率，同时保证随时可以出动驰援。

对下阶段的人员临时安置提出了要求。对分级负责、统一指挥的管理方式再次肯定并强调，皮山县委发挥主体作用，其他各自发挥职能作用。在现场，服从前方指挥部统一领导，服从县委、地委指挥部领导。

现场转入临时安置阶段。一是建设厅要抓紧鉴定房屋，3 天内完成；二是组织临时安置措施时，要注意集中与分散结合，不强求集中，需要帐篷的确保供应到位，提倡投亲靠友；三是做好灾区公共卫生和防疫的工作，要和伤员的医疗救治相衔接，重点转移到防疫上来。还对做好核实灾情、发放物资、路桥保障、水源供应以及维稳等工作提出要求。

从以上内容可以了解到，震后首先是救人，基本在 20 多个小时内，全部伤员得到了医治和安置。救援力量进入灾区开展工作，人员已经够用，其他待命；医疗人员可增加公共卫生与防疫的专业人员。对当前的安置阶段，抓紧鉴定危房，分散与集中安置结合，保证救灾物资的按需要供应。整体看，救灾行动组织得有条不紊，衔接有序。

农场的临时医院

帮助拆危房的民兵

兵团皮山农场四连，旧房基本倒塌

建设兵团的抗震新区

7月5日，地震发生48小时之后，我们到建设兵团考察灾情。新疆生产建设兵团第14师在和田地区，其中下属的皮山农场受灾严重。皮山农场距离皮山县城还有十来千米。

皮山农场的政委蒙志战介绍，这里是Ⅷ度设防，地震倒塌的大都是老房、旧房。我们看到倒塌的老房子，墙壁是篱笆糊的，门梁和柱子都是包装出来的。用比较细的木方或圆柱子，外边包上草，草上再糊泥，刷上白灰，外表看去是粗粗的圆柱，立在门口，或横在门上，虽然好看，实在是不结实。遇到地震，这样的柱子很容易开裂、折断。在这次地震中，这样结构、材料的房子几乎全部倒塌或损毁。

来到皮山农场的新区，看到的却是另一番景象。

在这里完全看不到地震的痕迹，这里离震中不算远，也是在地震烈度Ⅶ度区内，但新建的楼房没有任何问题。

损毁的老房屋

外包装的柱子，省钱的房子，地震时倒塌

兵团皮山农场新区的抗震楼房

这里的地质条件很差，完全就是在沙包子上建房，为了达到抗Ⅷ度的标准，兵团建房打的是“碎石桩”。碎石桩的孔要打 20 米深，再浇灌混凝土，所以地基十分牢固。五层的住宅楼群在这次地震中经受烈度Ⅶ～Ⅷ度的考验，安然无恙，连裂缝都没有。我们参观的这个小区是 2013 年完工的，墙上镶着这幢楼的责任单位。这也是农场的职工住房，政府补贴 5 万元左右，自己出 8 万多元，就可以住进 101 平米的楼房。

同在一个农场，经过地震的考验，旧房坍塌，新楼无损，充分表明了保证建筑物达到抗震要求的必要性。

5 日晚上，自治区雪克来提主席来到现场，在县委院子里听取汇报，检查救灾工作的安排。主席再次强调要抓紧鉴定房屋，再次强调了房屋抗震的重要性。

兵团新区的楼房，也是自治区安居富民工程项目中的一部分。兵团的经济条件较好，所以实施得比较快、质量高，使得农场职工从篱笆子墙的旧房中直接住进新楼，而地方上人多、经济条件弱，需要分步实施。新疆自治区党委和政府始终不放松，正在全疆范围内抓紧推广安居富民工程。

和田地震台阵

在地震现场，监视余震活动是一项很重要的工作，这次地震 3 天内就发生近千次余震，其中有感地震近百次，在县城不时地会感觉出晃动。在现场监视余震活动，并对强余震做出预测，需要加密地震观测的台网。这次除了增设几个流动台外，位于和田的一处地震台阵发挥了重要的作用。

从皮山县到和田市有160多千米。台阵位置正好在皮山县境内。从皮山向东80千米左右，下道向南，进入荒芜的盐碱沙地丘陵，地震台阵就坐落在沙丘地上。地震台阵由各自相距几百到1000多米远的9个点组成，孔径最远的半径达1500米，有短周期地震仪9台，1套宽频带地震仪，1套GPS接收机。全部设备由太阳能供电，全部有线连接，电缆埋在地下。信号由专用的电缆集中传到路边的公共线上，然后传到和田地震台。地震台是个地震信息节点，信息从那里传到自治区地震局和北京。

台阵可以监测到1000～1500千米半径范围内小于1级的地震。邱大琼是和田地震台的台长，除了台站监测工作外，同时负责这个台阵的运行维护。她是1991年从防灾科技学院毕业的，一直在台站工作了20多年。孩子都大学毕业了，她依然在这里坚守。

台阵地处荒滩深处，周边不通手机信号，去检查线路或者维修时，都要带全各种工具和需要的物品，差一点都不行。台阵2006年建设，2007年完工运行。每个点要挖下去六七米深，砌成水泥地下室，传感器放在地下室里，盖子的锁是个问题，邱台长和厂家一起搞出了适用于恶劣天气的防锈、防尘、防盗三防功能的井盖锁，事情虽小，却是独家专利。

泛出白花花盐碱的荒滩，像地上罩上了一层霜，盐碱滩上有些干枯的一丛丛的黄草。邱台长说，这是戈壁滩上的梭梭柴，有水则绿，无水则黄。我们的地震台，特别是边远和艰苦台站上的工作人员，就像这梭梭柴一样，在艰苦条件下顽强坚守。

和田地震台台长邱大琼（左）和工程师奥斯曼在和田地震台阵巡检

和我同行的监测处长王飞说，目前全国有人值守的台站400多个，有女台长、副台长共34人，其中13位正台长。邱台长身上反映出了地震工作者的优秀品质，反映出我们“开拓创新、求真务实、攻坚克难、坚守奉献”的行业精神。

地震烈度图公布

新疆地震局局长王海涛在现场

震后的第三天，地震工作队经过现场调查，基本勾画出这次地震的烈度分布图，经核实并和自治区、地区、县指挥部沟通，向中国地震局汇报，6日下午4点，这次地震的烈度图在中国地震局网站上公布，同时，在现场指挥部召开新闻发布会，由新疆自治区地震局局长王海涛解读烈度图并回答记者的提问。

这次地震的极震区最高烈度为Ⅷ度，有个别超过Ⅷ度的异常点。Ⅵ度以上范围达到1.4万多平方千米。烈度图对灾害损失评估、恢复重建选址、确定新的抗震设防标准，等等，都很有意义。

皮山县是贫困县，地震是坏事，也是皮山县发展的机遇。说是坏事，是因为地震造成了伤亡和财产损失；说是机遇，是因为这次地震中倒塌的大都是老旧房屋，正好利用恢复重建的机会，在国家、自治区等各级政府的支持下，做好规划，跨越发展，脱贫致富。小康的实现，还要看贫困县是否达标，所以我们要关注灾区，帮助灾区发展。

这次新疆皮山县6.5级地震应急指挥方面的特点是：调度救援队伍和医疗队伍时注意科学、合理、适度；救灾物资发放做到按需要投送；群众临时安置注意了分散与集中相结合，不搞一刀切；各个阶段的工作衔接顺畅，如救人转入安置、医疗转为防疫，等等。之所以这几方面做得比较好，是因为基础工作做得到位，基础工作包括信息及时、准确，交通、通信、电力及时修复、提供保障，工作组进村入户，最重要的是属地分级负责和统一指挥，等等。

皮山县将以地震恢复重建为契机，结合新农村建设、城镇规划以及国家一带一路战略，改变面貌，加快发展的步伐。

2015年7月23日

皮山地震救灾启示

2015 年 7 月 3 日 09 时 07 分，新疆维吾尔自治区和田地区皮山县境内（北纬 37.6°，东经 78.2°）发生 6.5 级地震。震源深度约 10 千米，震中距离皮山县城约 7 千米，距离和田市区约 160 千米。地震造成 3 人死亡，260 人受伤。房屋受损约 7 万多户、30 万间，其中倒塌和严重破坏的约 12 万多间。

此次地震的最高烈度为Ⅷ度，Ⅵ度以上总面积约 14580 平方千米，其中Ⅷ度区的面积约 1110 平方千米，Ⅶ度区面积约 3410 平方千米。地震造成和田地区皮山县、喀什地区叶城县以及建设兵团第 14 师皮山农场受灾。这次地震是新疆地区近十几年来造成灾害最严重的一次。本次地震的特点是震级较大、震源浅、灾害严重、人员伤亡相对较少。

地震发生后，新疆维吾尔自治区党委和政府立即组织应急抢险救灾行动，国务院有关部门积极协调配合。纵观这次地震的紧急应对，有些地方做得很有特点，为地震救灾现场行动又提供了一些值得参考借鉴的经验。

分级指挥、科学合理调配救灾力量

地震之后，自治区党委书记张春贤和自治区主席雪克来提·扎克尔做出批示，要求和田地区和各有关部门迅速救治伤员，抓紧核实灾情，全面排查，不留死角，适情启动应急响应，全力做好受灾群众安置。正在和田地区检查工作的自治区党委副书记车俊受张春贤书记委托，代表自治区党委、政府赶赴皮山县地震灾区指导抗震救灾工作。车俊一行12时10分就抵达皮山县。

砖木结构的房屋遭到严重破坏

在现场，立即召开由自治区、和田地区、皮山县、南疆军区、武警部队有关负责同志参加的指挥部会议，传达中央、国务院领导同志和自治区领导的指示批示精神，听皮山县灾情初步汇报，协调指挥现场工作。

在布置的五项工作中，其中一条就是“切实加强领导、统一指挥”。县域现场救援工作“由县委统一领导，统一指挥、统一调配，各方力量主动参与、积极配合、形成合力”。涉及到周边县的救灾工作，由和田地区指挥部协调。

皮山县城震害

在3日晚上的第二次工作会议上，进一步明确了几条要求。首先，“把抗震救灾作为当前的首要任务，在和田地委统一领导、统一指挥下统筹各方力量和资源，全力做好抗震救灾工作”。在自治区前方指挥部领导下，和田地委书记闫国灿任和田地区抗震救灾指挥部总指挥，皮山县抗震救灾工作由县委书记沈毅具体负责。和田行署专员艾则孜·木沙、皮山县长吐尔洪·阿帕尔在现场调度指挥。

其次，强调要全力以赴救治伤员、清理废墟、不留死角。一方面要统筹使用好各方医疗资源，合理分工，统一调度，救治好受伤群众；另一方面要充分利用军区和武警部队力量，抓紧时间清理废墟，特别要注意倒塌房屋的清理和偏远地区住户的核查工作，做到不留死角，尽最大限度减少灾区群众生命财产损失。

第三，提出要认真做好群众安置工作，严防次生灾害。要求自治区民政厅和和田地区民政局要尽快统计灾区群众急需的帐篷数量，抓紧调集，尽快让转移出来的群众有地方住、有干净水喝、有东西吃。有关救灾资金和物资要及时拨付到位。要抓紧时间对受损房屋进行科学鉴定，受损严重不能入住的，坚决推倒重建；需要维修的，尽快维修加固；对不存在安全隐患的，要标明可安全使用标识，确保不因余震发生次生灾害。自治区住建厅派 100 名专业技术评估人员尽快到位。要全力确保水、电、气路和通信畅通，粮食、蔬菜、肉类等日常用品正常供应，认真做好灾区防疫工作，尽快恢复灾区正常的生产生活秩序。

4 日凌晨 4 点半，到达皮山县立即召开地震现场指挥部会议

还有几条其他方面的要求。3 日晚上确定的任务中，这三条至关重要，发挥了重要的作用。

7 月 4 日晚，车俊副书记在召开的第三次会议上，再次强调和田地委行署、皮山县委政府的主体作用，对抗震救灾工作做到“统一指挥、统一部署、统一调度”，民政、建设、地震、电力、通信等各级各部门要充分发挥职能作用，全力协助灾区开展好抗震救灾工作，“前往灾区的各级各方力量，一律服从前方指挥部的统一领导、统一安排”，并强调“这是政治纪律和规矩，要严格执行落实”。

4 日傍晚的现场指挥部会议

兵团皮山农场，地震后，老旧房屋基本毁坏

没有抗震措施的砖木结构房屋，地震中破坏严重

正是强调了统一指挥，分级负责，提高了现场指挥的效率，在这次地震应对中，在统一指挥下有几个方面尤其突出。

一是救援队伍的调配根据需要安排。地震后，自治区党委、政府迅速安排救援力量前往皮山县救援，包括武警、南疆部队总计约1700多人到现场。救援队主要在皮山县抢险救灾，清理废墟、找人救人，拆危房、除险情，帮助受灾群众整理压埋的物品。地震坍塌的废墟里压埋了数人，有的被埋动弹不得，几小时后才被救出来。按照和田指挥部的要求，搜救工作要“乡不漏村、村不漏户、户不漏人”地排查。由于搜救及时，解救的压埋人员没有死亡的。

根据受灾区域、灾情的需要，指挥部及时要求在和田市做好准备的2000多名部队和武警力量待命，根据需要再进入灾区。后来的实际情况证明，救援部队根据需要进入灾区，既能够充分发挥救援的作用，又不会给灾区带来过多的负担。这是一个明显的科学施救的做法。在以往的一些地震实例中，曾经有过“震情就是命令”、“不惜一切代价”的做法，随着应急信息传递得越来越及时、准确，对救援力量的投送本着科学、适度的原则安排，可以达到最好的效果。

二是合理安排医疗救治队伍和现场工作。据和田地区卫计委主任热利亚介绍，4日上午，在受伤人员中需要住院的142名伤员就已经得到有效救治，其中16名较重的伤员及时转到地区医院，其他伤员分别在县医院、乡镇医院安排医治。

自治区派出的医疗队，和田、喀什地区的医疗队，迅速到皮山县开展工作。根据需要，和田地区指挥部合理安排进入灾区的医疗队，控制数量。在组织医疗力量救治伤员的同时，陆续安排公共卫生和防疫专业人员进入皮山县灾区，针对高温天气和死亡牲畜较多的实际，重点加强对安置点水源和疾病的监测、死亡牲畜掩埋、卫生防疫等工作，确保灾后不发生任何疫情。

所以，这次到达灾区的医疗队伍，也表现出了根据需要调配的特点，适当把握和调整医疗、公共卫生、防疫专业人员在不同救灾阶段的人员比例，以适应救灾现场的实际需要。和田地区统一协调指挥是科学救灾的一个重要的原因。

兵团皮山农场在户外搭建的临时医院

三是现场领导干部各司其职。我们看到，在现场，自治区党委、政府，由车俊副书记统一调度指挥，地委、县委主要领导作为地区、县的指挥，除了自治区雪克来提主席检查救灾工作外，没有具体职责的领导在救灾初期不到现场，这样的安排，为集中指挥协调建立了顺畅的领导机制。

四是组织工作组进村入户。皮山县是这次地震受灾的主要区域，在指挥部统一安排下，每个乡镇有一名县级领导进驻指挥；每个村子都有县乡镇的工作人员进驻，协调抗震救灾。工作组和新疆自治区组织的“访惠聚”（访民情、惠民生、聚民心）工作组结合起来，所以，所有村子都有自治区、地区、县、乡的工作组在组织抗震救灾的工作。

分级负责、相互协调，是近两年形成的抗灾救灾新机制，多次得到中央和国务院领导同志的肯定。机制中最主要的一条就是坚持统一指挥、分级负责。在统一的指挥协调下，各有关部门分工合作。这次新疆皮山县地震现场的工作，是在新疆自治区党委、政府的领导下进行的，国家各部门积极配合，自治区提出需要部委支持的事项，各部委积极落实，保证交通、电力、通信、地震监测以及物资供应等工作到位。具体救灾行动由地区和县指挥部协调落实，无论是救援力量调配，还是医疗、防疫公共卫生工作的衔接，以及工作组的进村入户，都在指挥部的安排下有序进行，提高了救灾的效率。

工作到位、临时安置注意因地制宜

皮山地震救灾工作，注意吸取国内以往救灾的经验教训，并结合当地的特点，力争做到考虑细致、落实到位。

第一是救灾物资的有序发放。地震发生之后，首先要做的是抢险救援和受灾群众的临时安置，需要将救援物资尽快发到群众手上。从历次地震现场的经验看，要做到有序发放，需要几个重要的条件：一是要有工作组进村入户。地震后，受灾群众急需帮助，需要听到政府的声音，有需求能得到政府的及时帮助。工作组进村，就是搭建了群众和政府联系的桥梁，群众就有了主心骨。另外，工作组可以协助村干部调查掌握灾情，及时上报，统计群众安置的需求，向上级指挥部联系救助。二是要保持通信畅通，这样能够及时和县指挥部联系、汇报情况。三是道路要通，地震造成的堵塞要尽快疏通，保持道路的通畅。有了这三条，就可以做到救灾物资的按需要投放、点对点的投放，不至于造成积压和浪费。

这次皮山地震，工作组进村入户，是在自治区原有“访惠聚”工作组的基础上，由地区、县、乡镇各级工作人员组成的，目的是保证每村有人，不留死角。其次，通信在地震之后一个小时左右就恢复了，通信局采取应急措施，保证了灾区的通信能力。三是道路通畅，由于南疆地域辽阔，地震对道路没造成太大影响。震后对一些局部道路实行了管制措施，以保证救灾工作进行。这些措施，有力地保证了救灾物资的定向投送。和田地区指挥部在划分工作小组时，对物资发放的工作给予了充分重视，将分发物资这项工作分为物资接收保管组和物资分配组两个组，而不是一个组，这样能够保证物资发放更安全、更有秩序。

和田地区专员深入住户查灾情

地震后，对部分断水的村庄，及时采取水车送水和供应矿泉水的方式，确保群众能喝上水。震后 72 小时内，做到了灾区所需的大米、面粉、清油、饮用水、煤炭等生活必需品基本供应，“帐篷、棉被等物资根据需要可保证随时调运”。交通、通信、供电、供水等基础设施经过抢修很快恢复了正常。

据地震后统计，灾区需要的帐篷大约 5000 ~ 8000 顶，由于南疆位置遥远，4 日到达 1000 多顶，其余需要一些时间，后来根据实际情况，采取分散与集中结合的安置方式，不需要这么大的数量，及时调整、基本按照需要发放。

第二是临时安置的有效措施。这次地震，整个皮山县城全部位于地震烈度Ⅷ度区，也就是位于这次地震的极震区。皮山县城的老旧房屋基本倒塌、损毁，楼房大部分有裂缝，少数已经不能使用，地震后余震不断，特别是有感地震频频，所以震后群众都在户外临时避震、露宿。4 日白天，城区已经建立了多个应急避难场所，我们在皮山县一中的操场上，看到一个由夜间搭起的几十顶帐篷组成的群众临时居住点，有解放军 18 医院负责的野战医院，有临时接通的自来水和临时修建的厕所。

4 日上午，一中院内，相当规模的避险场所已经建立

4 日晚上的指挥部会议，曾经要求每户发一顶帐篷，但送达到每户是需要时间的，也需要组织货源和调运。震后 72 小时内，帐篷肯定不够，到位没有那么快。

连夜搭建的帐篷村

此时天气炎热，气温太高，白天群众很难在帐篷里停留，都回各自家里收拾东西，晚上来帐篷村休息。在县医院院子里搭建的帐篷医院，也因为天气热而条件很差。指挥部及时调整

5 日晚自治区主席雪克来提（右三）召开指挥部会议

安排，5 日晚上，自治区雪克来提主席到灾区视察，也在会上表示，要注意“分散与集中安置相结合”，根据条件和群众意愿，能分散的尽量分散。

第三是抓紧进行房屋鉴定。指挥部要求住建厅尽快安排专业人员到灾区，对房屋尽快鉴定，待余震平稳，能够入住的尽量入住。住建厅很快派了人来。3 天基本完成县城的主要建筑物的鉴定。鉴定过的可以使用的房屋，待余震逐渐衰减后，可以继续使用。

抗震安居——减轻地震灾害的有效手段

皮山县共有人口约 26.5 万，震中附近人口约 15 万，这次地震为什么破坏较重而伤亡人数相对较少呢？

据县委书记沈毅说，主要是安居富民房发挥了作用。皮山县的农村安居富民房建成比例约 40%，在这次地震中，安居房虽然出现不同程度的破坏，但几乎没有倒塌现象，极大程度上减轻了地震灾害的损失。安居富民房是新疆近些年推出的一项富民政策，结合新疆地区地震活动比较频繁的特点，农民新房建设都要考虑抗震要求。

本次地震由于震中距离县城较近，倒塌的房屋基本上是城乡结合部的老旧房屋及震中附近乡镇农村的砖木、土坯房屋。

据皮山县政府介绍，近年来，国家在皮山县投入安居富民工程专项资金 44460 万元，通过加固改造和拆迁重建等多种方式，建成安居富民房 15600 户、1248000 平方米。我们到灾区的

安居房和老旧房

村子里考察，看到抗震和不抗震房屋的明显对比。

皮西纳乡，距离震中约13千米，也是重灾区。这个乡2010年开始盖安居富民房1200套，可容纳人口占了村民的50%，国家出2.8万，每套80平米，自己出5万多，就盖起来了。我们看到村里许多家都是新房旧房并存，旧房一般倒塌了，新房没事。旧房的结构是篱笆子墙，地震时基本都震倒了。但这房在当年也是抗震房，倒了砸不死人。

我们了解到，1996年2月9日，阿图什6.9级地震之后，伽师县推广了“篱笆子墙”的做法，但补助很低，每家补助500～1000元，这房子便宜，材质轻，地震时虽遭损坏但砸不死人。所谓“篱笆子墙”，是为了省钱，就地取材，用杨树的枝条绑成篱笆，扎成束再编成排，树立当墙，两边糊泥巴，就成了。2004年后，不再推广篱笆子墙。

2014年初和田地区于田7.3级地震后，当地灾区恢复重建，震中附近的山区，国家补助6.8万，平原地区补助的少些，对于贫困户，不论在山区还是在平原，政府全包了。

皮山县皮西纳乡

建于20世纪80年代的篱笆子墙的房子

篱笆子墙

在生产建设兵团14师的皮山农场，对安居富民的房屋建设了解得更多些。

皮山农场距离皮山县城还有十来千米，是多年形成的一片绿洲，是14师的下属团级单位。这次受灾的主要是皮山农场，2.6万人，97%是少数民族。

师长王建新介绍，这里是Ⅷ度设防，现在建的是第四代房屋，是抗震安居房，近3年的廉租房盖的都是抗震安居房。

皮山农场，这种房屋的柱子和梁都是加工而成的。图中的柱子，是几层包装加工的，外表好看，一点也不抗震

兵团建设的房屋可大致分为，20世纪60年代兵团创业时期住的是地窝子。开始修房子时，70年代左右最初是土坯房，干打垒。80年代的土坯房，有了木梁和草笆子墙。这种墙虽然简陋，但地震时不容易伤人。90年代盖的都是砖木房，但没考虑抗震。现在的房屋可以称为第四代，是抗震安居房，考虑了抗震，也叫安居富民房。

在四连我们了解到，四连1222户中有202户的房子塌了。四连的房屋，篱笆子墙的占70%，都出了问题。另外30%的好些。这篱笆子墙的房子约是20世纪80年代建的，表面看上去光鲜整齐，实际上都是凑合。房屋门前的柱子也是混合材料"做"出来的，内芯是较细的木头，包上苇草，苇草外面再抹上灰浆，搞成方的形状或圆柱形状，外表看就是一根粗粗的门柱子立在那里。遇到地震，这样的柱子很容易开裂、折断。在这次地震中，这样结构、材料的房子几乎全部倒塌或损毁。

来到皮山农场的新区，我们耳目一新。

3年前这里还是沙包地，现在是团场的新建小区。新区盖的新楼房，都按照Ⅷ度设计，新区完全是在沙漠荒滩上建的。为了把房子建得结实，打的是碎石桩，深度达20米，打完孔浇筑，所以五层的住宅楼在这次地震时，经受地震Ⅶ～Ⅷ度的考验，一点问题也没有。

我们参观的“瑞祥小区”，是2013年完工的，墙上镶着这幢楼的“责任牌”，写着一些基本的数据。打碎石桩造价比价高，每平米要增加200元，但经历这次地震后大家都觉得太值了。这些楼房是农场的职工住房，政府给各种补贴约5万，个人要出8万多，一共13万多，可以住进101平米的楼房。

修建具备抗震性能的房屋，是减轻地震灾害损失的关键。皮山县的农村有一半以上的农民还没住上安居新房。两相比较，建设兵团的条件要好得多，可以陆续住上抗震的新楼房了。

皮山农场新区的楼房，挂着责任牌

经过地震的考验，越来越说明新疆自治区党委、政府、建设兵团近些年推进的安居富民工程是必要的、有效的。据自治区地震局资料，自2004年2月起，新疆全面实施安居富民工程，要求所有新建房屋全部按照当地的基本烈度进行设计和施工，自实施以后，已经受多次地震的实际检验。如2005年乌什县6.2级地震、2007年7月特克斯县5.7级地震、2008年3月于田—策勒7.3级地震、2008年10月乌恰县6.8级地震、2012年6月新源—和静6.6级地震，等等，震区的地震安居房都没有大的损毁。这次地震后，自治区领导也多次表示要巩固成果、进一步加快安居富民房建设的步伐。

几点思考

“属地管理、分级负责、相互协调”，是近几年在地震救灾行动中总结出的新经验，也逐步形成了抗灾救灾的新机制。这个机制，需要在破坏性地震的应对中不断丰富、补充和完善，进而可以用于其他突发事件的应对中去。

这次地震的应对，既是新机制的实践，也为抗灾救灾增添了新的经验。

自治区主席雪克来提和自治区党委副书记车俊看地震的烈度分布图

首先是集中统一的指挥。强调得更加充分，做得更加到位。集中指挥，首先体现在救援力量的调度上。在对灾情及时了解的前提下，科学、合理地调配救援力量，避免盲目性、更有针对性，可以使得救灾的效率更高。这次在和田待命的一些救援队伍就没全部派出，而是按需而动。

现场协调会

其次是协调好分级负责、相互配合的运转机制。不同层级的指挥部，是根据协调指挥的范围不同决定的。这次6.5级地震，虽然Ⅵ度以上影响范围在1.4万平方千米以上，但由于新疆面积很大，地震灾区绝大部分在皮山县境内，所以，三级指挥部相互配合、各司其职。自治区党委、政府的前方指挥部，由车俊副书记负责，主要宏观把握。需要自治区各委办厅局做的工作，在这个层面协调；和田地区指挥部则协调地区不同县域救灾的需要，皮山县指挥部具体安排全县的救灾工作。临时安置、进村入户、物资发放等，由县指挥部组织；医疗救护、伤员转移、防疫卫生等，重点由地区指挥部指挥；而救援力量的调配、帐篷、食品等救灾物资的供给等，则由自治区指挥部统一调遣。整体救援行动配合比较顺畅。

第三是不同阶段的合理衔接。地震救援的第一任务是救人，接着是临时安置。当受伤人员得到妥善安置、没有新的伤员增加的时候，除了安排一定数量的医疗队巡诊服务外，还要做好医疗卫生现场工作的转换，即要更多地安排公共卫生和防疫人员到现场，而不必继续增加医疗人员。这次皮山县地震现场就是这么做的，这是一个衔接。在临时安置阶段，指挥部根据实际情况，从震后及时建立“避难场所”到提出“分散和集中相结合”的方式，而不简单采取集中的方式。在安排群众户外避险的同时，要求住建厅派技术人员抓紧鉴定房屋，以准备好可以回去居住的条件，这是又一个衔接。

第四是及时建立通到基层的工作联系机制。这方面也吸收了云南、四川等省在前两年多次地震救灾行动中形成的经验。工作组下乡进村，做到资源整合，有的村子已经有工作组，则立即将救灾作为首要任务，没有的立即派驻，使得工作组全覆盖，无死角。所有基层的救灾行动都在指挥部的指挥范围内，救援物资按需投送，工作组做好群众的安抚工作，使得社会稳定，保证基层的救灾行动顺利进行，同时做好通信、交通的保障工作。

第五是注意做好灾区救灾物资的有效管理工作。每次地震救灾现场都会面对如何管理救灾物资、志愿者行动、捐赠的钱和物品的管理问题。这次和田地区和皮山县指挥部注意尽量考虑周全。比如，和田地区指挥部把物资保管与发放分为两个组，而不是一个组。一组负责接收与保管，发放分配专门由另一个组管理。这样做避免物资多了会引起的混乱。

第六是高度重视安居富民工程的继续推进。新疆的安居富民工程，积累了长达10年之久的好经验，已经在全国各地推广。农村的农民住房一直是缺乏严格管理的，新疆在20世纪90年代末期，就开始采取政府补贴的方式，鼓励农民建设具有抗震性能的房屋了。新疆是地震活跃的地区，经过多次地震的检验，证明了这项工作的重要性。目前，新疆把这项工程名称改为“安居富民”工程，加大了补贴力度，使得农民更有积极性，意在加快推进全疆农居条件的改善，加快实现小康社会的步伐。

新疆和田皮山县的这次6.5级地震，破坏比较严重，但死伤人数却相对较低，得益于抗震民居的建设，更提醒政府和公众要更加重视减轻地震灾害的工作。这次地震的现场应急工作，为抗灾救灾机制的完善，为地震应急救援管理能力的提升，又提供了新的案例和借鉴。

2015年7月16日